游戏数据分析

从方法到实践

数数科技分析师团队 编著

电子工业出版社
Publishing House of Electronics Industry
北京·BEIJING

内 容 简 介

本书由数数科技分析师团队撰写。基于数数科技成立以来服务千余家游戏企业、近万个游戏项目的经验，作者介绍了游戏行业的数据分析现状，解读了数据驱动增长的典型案例，阐明了如何建设数据分析体系才能给游戏企业带来商业价值，希望为游戏行业的运营、数据分析、策划等岗位从业者提供从方法到实践的指导，驱动游戏业务增长。

图书在版编目（CIP）数据

游戏数据分析：从方法到实践 / 数数科技分析师团队编著. —北京：电子工业出版社，2023.4
ISBN 978-7-121-45200-0

Ⅰ．①游… Ⅱ．①数… Ⅲ．①数据处理 Ⅳ.①TP274

中国国家版本馆 CIP 数据核字（2023）第 043876 号

责任编辑：许　艳
印　　刷：天津千鹤文化传播有限公司
装　　订：天津千鹤文化传播有限公司
出版发行：电子工业出版社
　　　　　北京市海淀区万寿路 173 信箱　　邮编：100036
开　　本：787×980　　1/16　　印张：13.5　　字数：237.6 千字
版　　次：2023 年 4 月第 1 版
印　　次：2023 年 4 月第 1 次印刷
定　　价：89.00 元

凡所购买电子工业出版社图书有缺损问题，请向购买书店调换。若书店售缺，请与本社发行部联系，联系及邮购电话：（010）88254888，88258888。

质量投诉请发邮件至 zlts@phei.com.cn，盗版侵权举报请发邮件至 dbqq@phei.com.cn。

本书咨询联系方式：（010）51260888-819，faq@phei.com.cn。

业内推荐

本书最有价值之处，就是详细描述了游戏厂商如何开展一个适合自己的数据分析项目，并提供了很多方法。不论是对于已经积累了海量数据的老游戏，还是对于正在研发中的新游戏，这些方法都有较大的实践价值。

周道军

中手游，VP

在数据价值日益彰显的今天，数据分析已成为游戏业务增长的重要推动力。本书旨在帮助读者以快速、有效的方式上手游戏数据分析。作者从实际问题出发，介绍游戏数据分析的入门知识和大量实践经验，通过游戏项目示例介绍如何使用数据分析系统解决实际问题。本书可以作为游戏数据分析从业者的工具书。

陶志军

雷霆游戏，数据平台负责人

数据价值的释放，离不开数据分析平台。正如本书中所写的，新型的数据分析平台不再是简单的数据分析工具，它们还可以帮助游戏厂商快速了解游戏现状，为游戏决策提供及时有力

的数据支持，驱动游戏项目调优。本书提供了很多游戏项目数据分析案例，推荐游戏从业者
阅读。

刘劲文

九九互动，前 CTO

　　随着游戏精细化运营的势头越来越强劲，数据已成为评判游戏创意、辅助决策及分配资源
的重要依据。如何得到精准的数据，如何用好数据，成为影响游戏项目成功的要素。数数科技
的这本书介绍了游戏厂商如何选择称手的核心系统与数据中台、打磨工作流程、优化项目决策，
推荐大家阅读。

李泽阳

凉屋游戏，CEO

　　游戏厂商在利用数据分析助力业务发展时，往往缺乏可靠的抓手，原因之一是没有关于实
施游戏数据分析项目的行动指南。本书系统阐述了游戏企业应该如何引入并践行数据分析，并
且从方法到案例，深入浅出地阐明了游戏数据分析中需要关注的核心问题。

路奇

诗悦网络，CEO

　　本书基于大数据分析理论框架，结合大量游戏实例，帮助游戏行业各个职能部门（策划、
市场、运营等）的从业者掌握游戏数据分析的实用方法。作者通过丰富的案例分析，帮助读者
建立游戏数据分析的思维，掌握游戏数据分析的方法和技巧，在游戏的全生命周期都能从数据
中获得有价值的见解，驱动科学决策。

蔡以民

灏瀚网络（Gamehaus），CEO

游戏行业发展到今天，如何能快速有效且准确地分析用户行为，打通从用户注册到留存及付费的全流程数据，已经成为游戏产品能否成功的关键。

本书能够快速有效地帮助运营工作者了解数据分析的整体流程和方法论。数数科技的产品帮助游戏运营团队快速建立起数据分析体系，使目标用户的行为数据在市场、产品、运营的业务链条里形成完整闭环，帮助团队从繁杂重复的数据分析工作中解放出来，提高了团队整体的工作效率，为"研运一体"和产品优化提供了行之有效的工具支持。

陆海空

英雄游戏，基因事业部 GM

在游戏运营工作越来越精细化的今天，与本书相遇无疑是件幸事。本书内容深入浅出，还包含非常多的项目实战案例，你可以将其作为游戏数据分析的入门书。同时，本书中也不乏数据分析领域的超前思想，使我们平时关注的数据常量成为"变量"。

在游戏人的日常运营工作中，对数据的采集、存储、计算、分析、复盘及再使用一直是困扰人的问题。数数科技运用先进的数据理念，将运营人员从大量重复、机械化的劳动中解放出来，成为数据的主人。本书从数据本质出发，阐述了从游戏数据分析的新手到王者的方法论，是一本帮助运营人员挣脱数据枷锁的好书。

徐韵中

爱奇艺游戏事业部，副总裁

本书介绍了游戏数据分析的理论、指标、工具，强调了游戏数据分析必须与实际业务深度结合，通过数据观察核心用户的行为特征和消费习惯，在繁杂的数据中发现问题并总结规律，为游戏项目的迭代和优化提供决策依据。

杨家成

厦门泡游网络，技术总监

　　本书多维度探讨了游戏数据分析的应用，覆盖游戏全生命周期，内容由浅入深、通俗易懂。书中介绍了游戏行业数据分析现状及极具参考价值的游戏数据分析案例，对于游戏行业从业者，尤其是游戏数据分析师，具有很高参考价值。

王哲

Cocos 引擎，创始人

序言

随着移动游戏技术的成熟，移动游戏数量激增，市场竞争加剧，游戏产品逐渐向精细化运营的方向发展。游戏厂商需要建立新的竞争壁垒。对于游戏这样的文化产品而言，谁更了解用户，谁就掌握了游戏的流量密码。那么，如何了解一款游戏的用户？答案是数据。数据连接用户与游戏，记录了用户群体对于游戏的真实反馈，是了解用户心理机制的利器。

根据数据所展现的趋势，游戏厂商能更精准地评估大众的喜好、发现游戏产品的新风向与用户心理特征，以调整不同类型游戏的玩法机制，实现敏捷研发；通过不同维度的数据，如用户的全生命周期数据、业务常规数据、产品运营数据等，游戏厂商能了解游戏产品的健康情况，结合商业策略和产品特性，设计长线运营活动及新版本或进行调优。

因此，游戏市场越成熟，游戏厂商对数据分析的需求与依赖度越高。

为什么要写这本书

如今，大部分游戏厂商都成立了自己的数据分析团队，对于游戏数据分析的重要性，大家已经达成共识。不过，游戏产品类别繁多，不同类型游戏的用户特征差别较大。我们创作这本书，就是希望从游戏业务的视角切入，结合数数科技帮助游戏厂商实现数据驱动发展的经验，总结出针对不同类型的游戏搭建数据分析体系的方法，让数据落地生花，使其价值触手可及。

本书涵盖的内容

本书内容来自数数科技成立以来服务千余家游戏企业、近万个游戏项目的经验，书中介绍了游戏行业的数据分析现状，解读了数据驱动增长的典型案例，阐明了如何建设数据分析体系才能给游戏企业带来商业价值，希望为游戏行业的运营、数据分析、策划等岗位从业者提供从方法到实践的指导，驱动游戏业务增长。

全书分为四个部分。

第一部分（第 1~3 章）

第 1 章　概要介绍游戏数据分析的相关背景知识，包括游戏数据分析的概念、价值、思维、方法和技术，以及游戏数据分析师这一角色的核心能力和职责。

第 2 章　通过案例详细解读数据分析如何驱动游戏决策，帮助游戏获得成功。

第 3 章　介绍如何构建精细化游戏数据分析系统。

第二部分（第 4~7 章）

第 4 章　讲解如何完整、准确、合理、规范地采集有价值的数据并将其接入数据平台。

第 5 章　以一款虚拟游戏为案例，介绍在测试环节如何构建数据指标体系。

第 6 章　讲解游戏数据专题分析的类型，以及如何利用专题分析帮助游戏实现业务增长。

第 7 章　介绍游戏数据探索性分析的概念、方法和价值。

第三部分（第 8~11 章）

第 8 章　系统阐述在游戏的不同生命周期，如何利用数据分析来验证并调优玩法设计。

第 9 章　介绍在游戏买量推广期，如何通过数据分析提升买量效果，实现用户数量持续增长。

第 10 章　结合常见的游戏数据分析场景，讲解活动运营中常用的指标和分析方法。

第 11 章　解读如何针对不同的用户群体制定不同的策略，实现游戏的精细化运营。

第四部分（第 12 章）

第 12 章　从更长远的视角，预测未来 5 到 10 年游戏数据分析的发展趋势。

谁适合阅读这本书

以下人群都适合阅读本书：

- 负责整体战略和项目方向的游戏企业高层管理人员、游戏制作人。
- 一线数据分析师、游戏运营及策划人员。
- 有意愿从事游戏数据分析工作的学生。

致谢

本书的完成离不开数数科技数百家客户的支持，在此致以最诚挚的感谢！

感谢文丽、曹瑶瑶、李光哲、陈琦、王鹏、刘佳琪、于萌、陈忠杰、赵松林、王岩、李凡东、牙晓亮、祝运祯、周津、焦温泉对本书内容的大力支持，特别感谢电子工业出版社编辑的帮助。希望本书能抛砖引玉，为大家打开关于游戏数据分析的新思路。

目录

第二部分　实现游戏数据分析的方法

第三部分　游戏全生命周期数据实践

第四部分　游戏数据分析的展望

第一部分

建立游戏数据分析思维

1

游戏数据分析概述

得益于移动互联网和硬件的发展，游戏从未像今天这般触手可及，用户几乎可以在任何生活场景下随时开始玩游戏，获得丰富的沉浸式体验。相应地，对于游戏行业而言，市场竞争激烈、买量成本高、用户留存难等问题也逐一显现。如果游戏厂商想要更高效精准地获取用户、更长线地运营游戏，就必须不断提高游戏产品的质量，提升用户体验，增加用户黏性。而要达到这些目标，数据分析是绕不开的课题。

本章将概要介绍游戏数据分析的相关背景知识，包括游戏数据分析的概念、价值，适用的思维方式、方法及技术，以及游戏数据分析师这一角色的核心能力和职责。

1.1 游戏数据分析的概念

首先，我们需要厘清"数据"的概念。数据的本质是信息的载体。用户在游戏中进行了操作（用户行为），我们通过技术的手段将这些操作采集、记录和存储下来就得到了数据。对游戏行业而言，根据与游戏业务结合的紧密程度，通常将数据分为四层：

第一层：业务常规数据，比如用户名、密码、竞技场排名等，这一层数据是最基础也最重要的业务数据，一旦出现问题将影响业务的正常运转。

第二层：用户行为数据，指的是用户在游戏内的行为数据，比如充值、通关、升级等，这一层数据往往非常庞大，具有很高的挖掘价值。

第三层：产品运营数据，指的是对部分用户行为数据二次抽象出来的数据，比如新增用户数、活跃率、留存率、付费率等，这一层数据可反映游戏的运营状态。

第四层：用户反馈数据，指用户在游戏之外，如论坛、贴吧、App Store 等平台对游戏的评价，可帮助游戏团队了解游戏的舆情和生态。

游戏数据分析是指运用适当的统计分析方法对采集的海量游戏数据进行分析后形成结论，帮助游戏厂商做决策的过程。

近几年，游戏市场竞争加剧，游戏厂商需要找到新的应对策略，对数据分析的需求越来越高。例如，通过精细化运营为用户提供更好的体验，延长游戏的生命周期；寻找更优质的流量渠道，精准获取用户，提高买量效率；新游戏上线后，以"小步快跑"的方式敏捷完成游戏玩法、功能的迭代。这些策略的实施，无一不依赖于数据分析。

因此，越来越多的游戏厂商开始重视搭建数据分析团队、优化数据分析流程和使用专业的数据分析工具。大型游戏厂商通常技术实力雄厚、资源丰富，更加重视数据安全与管理，它们一般都拥有自己的数据分析团队，有些厂商选择自建数据分析平台，有些厂商选择与第三方数据分析服务商合作。中型游戏厂商的数据分析意识强，注重组织效率和团队投入产出比，大多选择采购专业的游戏数据分析工具。小型游戏团队则大多停留在数据分析的基础阶段，亟需优化数据分析的流程。

1.2　游戏数据分析的价值

个人的行为不可预测，充满了随机性与偶然性，但群体的行为往往呈现某种规律性，可通过大数据挖掘出行为规律。在游戏中，如果用户做了某个选择，那么具有相同标签的用户很可能也会做出同样的选择。目前，大数据也许无法解释为何人们做出某种选择，但通过相关性数据分析可以预测出具备相同标签的群体将会做出同样的选择。在游戏整个生命周期的不同阶段，数据分析可以帮助游戏业务人员了解用户和游戏当前的运营状态，为他们提供决策的依据。

在测试阶段，业务人员主要关注用户的次日留存率、3 日留存率、7 日留存率及付费率等数据，以此验证游戏玩法，评估游戏正式上线后用户的留存情况与游戏的盈利能力。依据数据分析的结论，游戏团队可确定如何分配资源，制订运营计划，对游戏进行调整，找到游戏与市场的最佳契合点。

在公测推广阶段，业务人员可通过更全面、精细的数据分析，比如对新手引导数据、核心玩法数据及破冰付费数据的分析等，了解游戏内的生态，制订游戏的精细化运营策略。

在长线运营阶段，业务人员主要考虑如何提高用户活跃率、付费率等，以实现商业目标。在这一阶段，数据分析的作用越来越显著，而且分析的维度越来越多，粒度越来越细。比如，对各类指标进行不同维度的下钻，包括新/老用户、付费档位、新/旧区服等，通过对用户分群，筛选出高价值用户，制订有针对性的运营和营销策略。

游戏厂商在分析数据的过程中，会逐渐形成自己的方法论，从由经验驱动逐步向由数据驱动"进化"，提升组织效率。

游戏厂商做出正确决策的概率越高，意味着其越有可能做出符合用户期待和市场需求的游戏。对整个游戏行业而言，可以说数据分析促进了游戏的精品化发展。

1.3　游戏数据分析的思维、方法与技术

完整的游戏数据分析应该包含三个维度：思维、方法和技术。只有运用正确的数据分析思维及专业的数据分析方法，借助高效的数据分析工具，才能实现数据驱动决策的目标。

1.3.1　游戏数据分析的思维

很多游戏数据分析从业者认为，制订一套高效、完整、专业的指标体系，观察指标的变化，就能发现业务的奥秘，有效地做出决策，实现业务增长。然而，在实际业务场景中并非如此。

首先，搭建指标体系的工作非常繁复；其次，从产生数据到做出数据决策，整个过程中可能发生很多情况，它们都会导致结论出现偏差，甚至完全无用。其中一个非常重要的原因是，分析人员缺乏数据分析的思维。主流的数据分析思维可以分为三大类，即业务化思维、结构化思维、前瞻思维。

1. 业务化思维

业务化思维是指做数据分析时以业务目标为导向的思维方式。业务化思维的关键是找到与业务最相关的核心数据指标，即"北极星指标"，通过北极星指标监测业务进展，并根据这些指标指导业务决策，以实现业务增长。

只有与实际的业务场景关联起来，数据分析才能落地，真正发挥价值。有时，分析人员容易沉浸于日常的报表看板，机械地依赖数据指标，将数据指标作为数据分析的"秘籍"，而忽视了对数据的探索。这样做是片面的。因为绝大部分情况下得到的数据结果，是用户客观行为的一种聚合表现，仅展现了用户客观行为的某一个切面。

分析人员的能力区别就体现在其将数据与业务结合的能力上。只有将数据与游戏业务深入结合，才能做好游戏数据分析。

2. 结构化思维

在数据分析的流程中，数据指标是衡量业务达成效果的重要方式。游戏在内容、设计上的任何变化，最终都会反映为数据指标的变化。因此，数据指标虽然无法解决问题，但可以帮助游戏团队快速发现问题、锁定问题，更有目标地进行优化。

游戏数据分析一般为"发现问题—提出假设—验证假设—解决问题"的过程。这个过程的完成效率，取决于游戏团队对结构化思维的掌握程度。结构化思维即"金字塔思维"，主要是指从提出核心论点（假设）—通过数据进行论证—对论点（假设）进行验证的思维方式。在分析某个具体问题时，要带着目的去推进，按照"不重叠、不遗漏"的思路将目的拆解成多个子问题，再利用现有可拉取的数据进行分析并逐一回答这些问题。

结构化思维是数据分析的基础思维，需要分析人员结合游戏的玩法与机制，从多个角度不断尝试，制订解决方案，对之后的运营工作进行调优指导。

3. 前瞻思维

前瞻思维是指搭建游戏数据分析系统时，具备长远发展的意识，充分考虑游戏行业与产品未来的发展，在系统中为未来可能产生的分析需求留出空间。比如，在最前端的埋点设计阶段，设计更清晰且可扩展的埋点事件，使埋点方案的理解成本并不因为新增事件而增加；尽量详细采集每个事件的属性，为将来的数据分析工作打好基础。

在游戏数据分析的全流程中都应该运用前瞻思维。游戏团队要意识到，数据分析工作不是一劳永逸的，而是逐步完善、不断迭代的。构建数据分析系统时，不仅要从眼前的业务需求出发，还要考虑未来的发展。

1.3.2 游戏数据分析的方法

常见的数据分析方法包括：目标拆解法、5W2H 分析法、RFM 模型分析法、AARRR 模型分析法。

在量化目标时，往往采用目标拆解法。5W2H 分析法是最常见的事件分析方法之一，5W2H 代表 What（发生了什么事件）、Where（在哪里发生）、When（什么时候发生）、Who（事件关联的群体）、Why（为什么发生）、How（如何处理）、How much（事件处理的程度）。

RFM 模型是基于用户价值的分层评估体系，RFM 代表 Recency（最近一次充值的时间）、Frequency（充值频率）、Monetary（充值金额）。在传统的用户分群模式中，用户被直接分为大 R（R 指人民币用户，大 R 指游戏中充值消费较多的人民币用户，中 R 及小 R 的含义可依此类推）、中 R、小 R 类型，这种按照用户累计充值金额划分的方式比较粗放。而 RFM 模型对充值用户的划分相对精细，可以依据不同层级用户的需求，制订更加精细的运营策略。

AARRR 模型又称"海盗模型"，AARRR 代表 Acquisition（用户获取）、Activation（提高活跃度）、Retention（提升留存率）、Revenue（获取收入）、Referral（病毒式推荐传播），贯穿了游戏产品生命周期的五个重要阶段，即从获取用户，到提升活跃度，提升留存率，获取收入，再到最终形成病毒式推荐传播，适用于分析游戏的整体情况。

除此之外，还有对比分析法和漏斗分析法。对比分析法包括横向对比与纵向对比：横向对比是指在同一时间点，对比不同的数据指标；纵向对比是指在同一总体条件下，比较不同时期的数据指标。通过对比，可以了解前一周或前一个月游戏内用户活跃度的变化情况，并以此来规划新上线活动的目标。

漏斗分析法是将对比分析与用户分层相结合，比较漏斗中同一环节优化前后，不同用户群的转化率。通过比较漏斗各环节的业务数据，业务人员能够比较直观地发现当前游戏中的问题，从而优化各环节之间的转化率。

需要注意的是，通常一个游戏的生命周期主要分为四个阶段：研发策划期、内测封测期、公测推广期、长线运营期。在不同阶段，数据分析的侧重点不同，采用的分析方法也会有所差异。

1.3.3　游戏数据分析的技术

要想构建完整的游戏数据分析体系，除了具备游戏数据分析思维，掌握游戏数据分析方法，还要掌握专业的游戏数据分析技术，满足实际业务场景中的各种分析需求。

当前游戏行业的数据分析需求主要通过三种技术来实现。

第一种是基于数据仓库的离线查询。针对业务部门的分析需求，技术部门需要花费较多时间建模，制订一整套固定的数据指标并形成报表，定期反馈给业务部门。这种技术适用于需求比较固定、计算量大且复杂的分析场景，对数据分析的实时性要求不高。例如，计算游戏中的用户日/周付费金额，只需提前准备好聚合数据，再利用聚合数据进行计算和分析，定期提供给业务部门即可。

第二种是基于数据集市的交互式查询。通过这种技术，业务部门能够按照自己想要的方式来实现分析需求，自定义看板，灵活地响应即时分析需求，实现分钟级数据查询，而且不过多消耗服务器的性能。这种技术适用于对分析速度有要求、场景比较灵活的需求。例如，上线新活动时监测用户参与活动的情况。

第三种是实时计算。实时计算一般都是针对海量数据进行的，并且响应速度为秒级，在数据流入时计算就已经开始，可监测游戏产品的最新状态。这一技术目前在游戏行业虽然还未成为主流，但应用得越来越广泛。例如，应用这一技术可以实现业务实时预警，当某些重点指标超出预设阈值时，快速通知游戏项目组，避免游戏运营中出现大型事故。

在实际的应用场景中，前两种技术的使用十分普遍。在大部分游戏厂商中，一般的流程是运营人员根据业务需求先制订指标，再由技术部门提供关于这些指标的报表，然后运营人员观察指标的变化，并对数据进行分析。但是技术部门提供报表的周期是固定的，其内容大多为定期采集的数据，即非实时的数据，这就导致整个数据分析过程所需要的时间较长，难以支持游戏业务的灵活决策。

1.4　游戏数据分析师的能力要求

数据分析是"发现问题—提出假设—寻找方法以验证假设"的过程。数据分析师最核心的职责是规划问题的解决路径，将要解决的大问题拆解为一个个小问题，并在解决小问题的过程中，通过数据分析来判断选择的路径是否正确。因此，作为游戏数据分析师，首先必须具备的能力就是根据问题挖掘出提问者的深层需求。举个例子，业务部门希望分析师能提供最近一周每个活跃用户的充值总金额和参与活动次数的数据。对于这个需求，分析师必须挖掘出其背后隐藏的深层需求其实是评估参与活动是否对用户充值有促进作用。

游戏数据分析师不仅要熟悉游戏的业务场景，还要了解数据分析的全流程，包括数据采集、上报、处理、入库及计算过程的逻辑。除此之外，游戏数据分析师还应广泛涉猎各个领域的知识，包括营销学、经济学、统计学、心理学等，持续学习，不断提升自己的综合能力。

游戏数据分析师要找到适合自己的分析工具，以应对多变的游戏数据分析场景。市面上有不少工具，借助它们来完成复杂的数据分析过程可以事半功倍。比如数数科技研发的游戏大数据分析引擎 ThinkingEngine（TE 系统），就是提供一体化游戏数据运营分析解决方案的系统，可以满足游戏厂商全品类、全场景、全生命周期的运营分析需求。TE 系统支持全端数据采集、多维交叉分析、私有化部署和二次开发，可帮助游戏厂商快速构建自己的数据中心，完成数据挖掘、用户行为分析、渠道分析等，真正实现科学决策，以及游戏的精细化、智能化运营。游戏行业绝大部分的基本指标，都可以轻松通过 TE 系统完成分析。

总的来说，游戏数据分析师既要对业务有深刻的理解，又要熟练掌握专业的数据分析方法，还要会选择和使用高效的数据分析工具，才能从容应对游戏数据分析中的各种挑战。

2

数据分析驱动游戏决策

本章介绍游戏决策与数据分析在游戏决策中的作用，并用一个实际案例阐述数据分析如何驱动游戏决策，帮助游戏获得成功。

2.1 概述

本节介绍游戏决策的定义及数据分析在游戏决策中的作用。

2.1.1 什么是游戏决策

简单来说，游戏决策就是在游戏的研发、运营等各环节所做的决策，包括但不限于决定如何设计核心玩法、如何开展运营活动、如何优化游戏体验等。游戏行业从业者绝大多数的日常工作都涉及游戏决策。不过，在游戏生命周期的不同阶段，决策的内容和重点各不相同。比如，在测试阶段，要对玩法系统进行验证；在买量推广阶段，要决定买量策略，优化买量渠道与广告素材；在游戏上线后，要决定活动与游戏后续的新版本内容，优化游戏体验等。游戏决策贯穿于游戏生命周期的始末，塑造了游戏的整体形态。因此，游戏决策的优劣将直接影响游戏的市场表现，改进决策的质量能够有效提升游戏营收能力。

2.1.2　数据分析在游戏决策中的作用

一直以来，数据分析在游戏决策中最主要的作用，就是从数据中发现问题，为决策指引方向。比如，近期游戏的收入有所下降，就要进行一轮决策，调整运营策略，拉动游戏收入。以下列出的是数据分析在游戏决策中的一些应用场景，在本书的第三部分，将提供更详细的案例剖析。

1. 确定单服务器的用户数（玩法验证单元）

这是 SLG（策略类游戏）、MMORPG（大型多人在线角色扮演游戏）等强社交游戏在测试阶段经常要做的决策：通过开设多个用户数不一的服务器，对比不同服务器上用户的活跃度及留存率，确定对于单个服务器而言，其用户数为多少时活跃度和留存率指标数据最理想，游戏生态最佳。

2. 确定广告投放策略（买量推广单元）

通过分析各渠道、广告组的用户 ROI 数据，优化买量与广告投放策略。

3. 确定活动的道具投放量（活动运营单元）

通过分析活动前用户的道具保有量、道具的获取与消耗情况，以及道具相关玩法系统的进度等指标，决定在活动期间是否投放道具、投放道具的类型及数量。

4. 用户分层（精细化运营单元）

根据用户参与游戏玩法的情况、参与活动的情况，以及用户的等级、生命周期天数等因素，对用户群体进行精细划分，即进行用户分层，然后针对不同层级的目标用户，制订差异化的运营策略。

除了在决策前发现问题，数据分析还可以在决策过程中量化目标与验证假设，在决策后评估效果并总结。接下来的 2.2 节将介绍一个通过 TE 系统进行数据分析的游戏决策案例，帮助读者了解游戏团队如何运用数据分析做出更好的决策，实现游戏营收大幅提升。

2.2　案例：通过数据分析调整运营策略，扭转游戏的市场表现

本案例中的游戏团队早年做过不少广受好评的单机手游，游戏创意与制作水平得到用户的一致认可。他们推出的第一款强联网游戏，尽管制作水准仍然很高，但在不删档测试前期，游戏的市场表现却不如预期，其用户评价也完全不及之前的单机游戏。

通过查看游戏的核心指标，业务人员找到了游戏当前存在的主要问题：新用户的次日和 3 日留存率不高，而且付费总流水、ARPU（Average Revenue Per User，平均每用户收入）及付费渗透率等核心付费指标都不理想。用户留存与付费情况都不佳，这对于一款游戏而言是相当致命的。好在这款游戏本身质量还不错，而且当前处于测试前期，尚未进行大规模买量，如果能及时调整运营策略，仍然能扭转市场表现。

制订运营方案，这就是一个典型的游戏决策场景。该游戏团队充分运用数据分析驱动游戏决策的方法论，将数据分析贯穿于决策的全流程，最终制订了一系列颇为有效的优化措施，提升了用户的留存率与付费率。最终，游戏在公测后取得了不错的成绩。下面我们将详细介绍这个游戏团队运用数据分析做决策的过程（下文以 A 游戏指代该团队的这个游戏项目）。

2.2.1　量化决策目标

在进行决策前，必须确定要达到的目标。而数据分析在游戏决策中发挥的第一个关键作用，就是帮助决策人员制订一个可衡量的、有指导意义的目标。

A 游戏的目标是"提升用户的前期留存率""促进用户付费"，但是这样的目标比较笼统，

做数据分析时很难找到合适的切入点，在决策被实施后也不容易评估效果。运用数据分析，我们可以将这个目标改为与之息息相关的关键指标。比如，"提升用户的前期留存率"就可以改为"提升次日及 3 日留存率"，关键指标就是次日与 3 日留存率；"促进用户付费"也可以改为"提升付费渗透率"，关键指标就是付费渗透率。量化决策目标，可以引导业务人员从与这些指标关联的游戏玩法切入，构思决策方案；在评估决策效果时，也可以以指标提升的幅度作为依据，更为直观、简便。

那么，可否将总体 ARPU 或者次日留存率等游戏核心指标作为决策的关键指标呢？这种做法存在问题，游戏核心指标基本上都是宏观指标，会受多种因素的影响，可能误导对决策效果的评估。我们可以采取两种方法。一种是运用结构化思维，把大的宏观指标分解为一组更小、粒度更细的指标，然后将这一组指标作为决策的关键指标，在为大型活动、游戏的大版本迭代做决策时，适合使用这种方法。因为大型活动与游戏的大版本迭代往往需要实现多个业务目标，比如大型活动既要吸引新用户，也要带动老用户活跃及付费，那么就可以将新增用户数、用户参与度及付费率作为关键指标。另一种方法是将宏观指标替换为更具体、更容易实现的指标。这种方法更适合在测试阶段使用，采用"小步快跑"的形式，更敏捷地优化游戏。

A 游戏处于测试阶段，显然更适合采用第二种方法。分析人员在选择更具体的指标时，采用了两种思路。

第一种思路可以称为"维度下钻"，也就是给宏观指标加上一些限定条件，缩小指标范围，这样更容易找到决策的切入点。例如，将"付费渗透率"限定在"新增用户"人群，关键指标就变为"新增用户的首次付费率"。经过计算，发现 A 游戏新增用户的首次付费率仅为 1%，远低于 10% 的平均水平，说明这一指标确实反映了游戏的问题，非常适合作为关键指标。

第二种思路可以称为"关联指标"，即运用业务化思维，梳理指标间的因果关系，寻找关键指标的原因指标。例如，分析人员基于 A 游戏用户次日留存率较低的情况，推测首日的新手引导流程可能有问题，因此选择"新手引导漏斗的转化率"作为关键指标。经过计算后发现，新手引导漏斗的转化率仅 35% 左右，大量用户在 A 游戏团队预估的流失点之前就因"卡关"而流失。简单的指标计算结果就已经充分反映了游戏亟需优化的环节。

最终，分析人员制订了两个目标："提升新增用户的首次付费率"与"提高新手引导漏斗的转化率"。总的来说，通过数据分析制订可量化的、具有操作性的目标，既使得决策效果更易评估，也使得分析人员在进一步分析时，更容易提出假设，获取更多决策线索。

2.2.2　获取决策线索

确定决策目标后，就要获取决策线索。决策线索可以分为主观线索与客观线索。主观线索主要来源于经验，比如分析人员对业务的理解、对行业发展趋势的判断，以及过往决策的经验。而客观线索则主要来源于数据，可以是问卷调查的数据，也可以是用户实验的数据。当然，数据分析是最重要的获取客观线索的方式，这也是数据分析驱动游戏决策的体现。

作为拟定决策方案时最重要的依据，决策线索必须具备以下三大要素。

- 全面性：决策线索要足够全面，避免遗漏重要信息。
- 可信性：决策线索必须经过严格验证，真实可靠。
- 指导性：决策线索必须契合业务发展方向，能够指导分析人员拟定可落地的方案。

所以，通过数据分析获取客观线索时，也需要考虑这三个要素。本节将介绍一套基于"假设检验"的分析流程，遵循这套流程可以较为全面地获取具有指导意义的客观线索。下面将以"提升新增用户的首次付费率"这一决策目标的分析流程为例进行介绍。

整个分析流程由提出假设、选取指标进行验证、形成结论这三步组成，其核心是分析人员运用结构化思维对决策目标进行拆解，再运用业务化思维提出符合业务发展方向的假设。在本例中，分析人员以"新增用户首次付费率较低"作为逻辑原点，推测用户的付费意愿不高，因此从付费意愿的角度出发，提出了三个方向：需求、供给与价格，再结合业务化思维，提出了以下三个待验证的假设。

1. 用户不愿意购买游戏中的关键养成道具。

2. 用户消耗钻石的渠道过于有限。

3. 付费购买钻石的各档位兑换比完全一致（即 6 元付费档位与 648 元付费档位获得的钻石分别是 6 颗与 648 颗，付费金额与购得钻石数量固定为 1 比 1），抑制了用户购买高档位钻石的意愿。

接下来，就是运用指标来验证假设，确保决策线索的可信性。如何选取合适的指标来验证假设呢？有一个小窍门：每一个假设都会有一个业务切入点，比如上述的三个假设，其切入点分别为关键养成道具、钻石消耗渠道，以及付费金额与购得钻石数量之比，基于这些切入点来选指标就会更容易。比如，对于假设 2，就可以选取用户在不同渠道的钻石消耗情况作为验证指标；对于假设 3，则可以选取不同档位钻石的购买情况作为验证指标。

如果经过分析，所选择的指标无法支持假设，也先不要着急否定假设，还可以考虑用原指标的上下游指标再做一次分析。比如，对于假设 1，分析人员一开始选择分析道具的获取与消耗情况，发现关键养成道具的获取数明显大于消耗数，看起来并不存在道具供给不足的情况。于是，分析人员转换思路，转而分析用户参与产出关键养成道具的关卡的情况，最终发现用户参与这些关卡的次数要远高于其他关卡，说明用户对于养成道具的需求是很大的。可能因为每次养成道具的消耗数较大，用户需要攒一段时间才能消耗，因此用户的账户中一直保有一定数量的养成道具，从数据上来看就会出现养成道具的获取数高于消耗数的情况。

最后，基于分析结果形成结论。结论要有指导性，所以不能单纯以"某某假设成立"作为结论，而是要结合业务给出一定的指导意见，也就是提供决策线索。表 2.1 列出了 A 游戏的分析人员对三个假设的完整验证过程，可以看出，每一个假设的分析结论都包含了对业务的指导意见，可在拟定决策方案时参考。

表 2.1　"新增用户首次付费率较低"的假设验证过程

提出假设	用户不愿意购买游戏中的关键养成道具	用户消耗钻石的渠道过于有限	付费购买钻石的各档位兑换比完全一致，抑制了用户购买高档位钻石的意愿
指标验证	指标：用户参与产出关键养成道具关卡的情况 结果：参与次数远高于其他关卡	指标：钻石消耗的分布情况 结果：抽卡消耗的钻石数占钻石总消耗量的 90%	指标：各档位钻石的购买次数 结果：高档位钻石的购买量较少，购买钻石的用户在总体用户中的占比偏低

续表

形成结论	用户对于关键养成道具的需求量很大，可以在道具与产出道具的关卡两方面增加付费点	用户的抽卡意愿很高，可以增加更多抽卡活动，比如新卡池、限时卡池等；此外，还可以考虑增加更多消耗钻石的渠道	高档位钻石的性价比不高，可能抑制了用户的购买意愿，但用户购买钻石的意愿都不高

无论假设是否成立，最终形成的结论都可以作为有效的决策线索，在后续拟定决策方案时使用。另外，还可以根据这些线索再提出假设，不断循环，直到无法提出新的假设为止。通过这样的方式，就可以确保决策线索的全面性，避免遗漏重要信息。

2.2.3　拟定决策方案

获取充分的决策线索后，就要拟定决策方案了，也就是确定实现决策目标的具体措施。拟定决策方案是一个复杂的过程，对于不同的游戏类型及游戏所处的不同生命周期阶段，不同的业务人员可能会制订截然不同的决策方案。受本书的主题与篇幅的限制，本节仅简单介绍如何拟定决策方案。

前面提到，决策线索应具备指导性，因此业务人员可以根据决策线索制订具体措施。表 2.2 列出了 A 游戏的业务人员根据三条决策线索制订的具体措施。

表 2.2　"提高新增用户首次付费率"的具体措施

决策线索	线索 1：用户对于关键养成道具的需求量很大，可以在道具与产出道具的关卡两方面增加付费点	线索 2：用户的抽卡意愿很高，可以增加更多抽卡环节；此外，还可以考虑增加更多消耗钻石的渠道	线索 3：高档位钻石的性价比不高，可能抑制用户购买意愿，但用户购买钻石的意愿都不高
措施	在活动中投放关键养成道具，并将其加到活动礼包中	增加抽卡券的礼包	增加首充加倍与首充奖励活动
措施	针对一些产出养成关键道具的关卡，增加花费钻石购买额外挑战次数的机制	增加包含高级角色的新手礼包	增加高档位钻石的兑换比例
措施	在商店中增加更多能用钻石购买的商品，比如关键养成道具		增加钻石基金活动

从表 2.2 可以看出，一条决策线索可以引出许多具体措施，在考虑如何实施这些措施时，采用 A/B 测试或者灰度测试等更为敏捷的方式，既可以降低试错成本又能提高优化及迭代游戏的频率。另外，可以综合考虑不同的决策线索来制订措施，比如综合考虑表 2.2 中的线索 1 和线索 2，业务人员提出，在商店中加入关键养成道具，而且这些道具需要用钻石才能购买。

最后，还要注意现有数据能否评估决策效果。如果现有数据存在遗漏，就要在制订决策方案时考虑好数据采集方案，并在调优措施上线时准备好数据采集的代码。比如，游戏的大型活动或新版本上线时，往往会推出一些新玩法或者新系统。这些新内容与决策目标息息相关，因此必须提前规划对于这些新增内容该采集哪些数据，并在游戏新版本和活动上线时同步上线数据埋点，这样才能在第一时间评估决策效果。

2.2.4　评估决策效果

实施决策方案后，还要再次通过数据分析来评估决策效果。在评估效果时，可以考虑两类指标。第一类就是决策的关键指标，其直接反映决策目标是否达成。由于关键指标是经过量化的，因此非常容易评估决策效果。分析人员在 A 游戏的优化版本上线后，再次对"新增用户的首次付费率"进行分析，发现该指标从原先的 1% 增至 15%。受此影响，游戏的整体营收也上了一个台阶。可以说，决策目标超出预期地完成了。

当然，并不是每次实施决策方案后，关键指标都会有如此明显的变化。此时就需要用第二类指标，也就是反映措施是否有效的指标，进行更细致的评估。比如，通过用户用钻石购买关键养成道具的次数，就可以评估对应措施产生的效果是否符合预期。如果关键指标的变化不明显，那么对措施的有效性进行分析，也可以评估决策方案最终是否成功。

效果评估的意义不仅在于揭示决策目标是否达成，更重要的是了解决策方案有效或者无效的根本原因。A 游戏的分析人员在分析新增的"英雄礼包"的购买情况时，发现结果并不如预期，于是进行更深入的分析：通过对比不同用户群体的数据（比如付费情况、是否保有礼包内的"英雄"等），了解不同用户群体对于"英雄礼包"的购买偏好是否不同，付费高的用户是否更愿意购买这类礼包。实际上，很多游戏团队都会将多次活动的评估结果汇总为一个"活动一人群"矩阵，记录不同人群适用于什么样的活动（刺激付费或提升活跃度），以便后续对活动进行决策时参考。通过评估决策效果，分析人员能够总结决策的成功经验，提高后续的决策质量。

2.2.5　总结

最后，我们再以另一个决策目标，即"提高新手引导漏斗的转化率"的决策流程收尾，总结数据分析对于游戏决策的驱动作用。

首先，"提高新手引导漏斗的转化率"是分析人员基于"用户在前期留存率低"的问题而确定的决策目标。这个目标是可量化的，而且具有指导意义，所以可以直接将"新手引导漏斗的转化率"设定为逻辑原点，从这一点出发寻找决策线索。

由于大量用户在预期的地方之前"卡关"，分析人员意识到自己可能出现了误判：由于自己比较熟悉游戏的玩法，因此主观地认为用户进入游戏后游玩过程很顺畅。从数据上来看，用户在游戏的中前期玩得并不顺畅；同时，新手引导漏斗的最后几步转化率也不高，预示着用户在第三天左右会再次集中流失。

因此，分析人员提出两个假设：一是在用户进入游戏游玩的前期，缺乏引导，导致其对养成内容不理解而卡关；二是用户游玩到第三天，缺乏目标，不知道如何进一步提升战力。运用对应的指标加以验证，分析人员发现前期确实存在对用户缺乏引导的问题；而第三天后，用户没有游玩次要玩法，导致战力缺失，出现"卡关"现象。

基于上述线索，分析人员决定在游戏前期增加更多引导，并且将养成系统的引导改为强制引导，确保用户拥有足够战力通过新手前期的关卡。其次，在游戏中为用户设立一些目标，比如下调"每日任务""每周任务"的开放等级，促使用户更快积累资源、提升战力；同时在后续版本中更新"通行证"，增加用户参与各玩法的动力。最后，分析人员认为需要通过活动来帮助用户形成参与游戏的习惯，因此在新手 7 日活动中增加了参与养成系统与次要玩法的奖励——只要参与了规定次数即可获得奖励，以提升用户对各系统的熟悉程度。

最后，评估决策的效果，分析人员发现新手引导漏斗的转化率有了明显提升，用户在前期

出现的"卡关"现象消失，第三天游玩内容对应的漏斗转化率也有很大的提升。不过，用户的
7 日留存率还有进一步提升的空间，因此分析人员随后进行了新一轮的游戏决策。表 2.3 记录
了"提高新手引导漏斗的转化率"完整的决策流程。

表 2.3　"提高新手引导漏斗的转化率"的决策流程

提出假设	用户对养成内容不理解	新用户在游玩时缺乏目标的指引
指标验证	前期的主线通过率较低，大量新用户没有参与养成玩法	后续关卡的通关率低，次要玩法的参与率低
形成结论	用户前期"卡关"的主要原因在于养成玩法缺乏引导，导致用户没有参与该玩法，角色战力没有得到充分提升，无法打通关卡	用户缺乏游玩次要玩法的动力，而没有次要玩法所提供的战力就无法通过后续关卡，因而发生"卡关"
措施 1	更早开放养成系统	提前解锁"每日任务"与"每周任务"
措施 2	在养成系统中加入强制性引导	增加"通行证"机制，将积分与各玩法的参与度挂钩
措施 3	在新手 7 日活动中引导用户行为，要求用户参与养成系统及次要玩法	

这样的游戏决策，A 游戏的团队进行了多次。每完成一次决策，A 游戏的市场表现都会有
一定的改观。经过数次成功的决策后，A 游戏开始获得市场认可，并在正式公测后取得了一定
的成绩。本案例也证明数据分析能够有力驱动游戏决策，帮助游戏团队做出更好的作品。

2.3　提升游戏决策效果

要做出正确的游戏决策，除了要掌握数据分析方法，还要有强烈的数据意识。本节从组织
建设层面给出三条建议，谈一谈游戏团队如何通过增强数据意识与数据分析能力来提升游戏决
策的效果。

首先，组建专业的数据分析团队是很有必要的。因为通过数据分析能否获得有效的决策线
索，以及能否成功驱动游戏决策，都依赖于分析人员的专业素养。专业素养高，意味着其不会
遗漏关键决策线索，在评估决策效果时，能迅速找出决策有效的真正原因。可以说，分析人员

的专业水平决定了数据分析效果的上限。因此，招募高素质的分析人员、组建专业的数据分析团队、提升分析人员的专业素养，都极为关键。

其次，可以在日常工作中增加使用数据的场景，培养业务人员的数据意识。比如，要求业务人员在日常工作时多查看指标，最好能独立进行一些简单的分析。在做游戏决策时，要求运用数据分析获取的线索与主观线索来完成决策。

最后，数据分析驱动游戏决策需要跨部门协作，因此组织内部要建立完善的数据同步机制。比如，分析人员获取决策线索后，如果能迅速地同步给业务人员，就能大大加快业务人员拟定决策方案的速度。完善的数据同步机制能确保数据在部门间顺畅地流转，提高决策的效率。

3

构建精细化的游戏数据分析系统

第 2 章介绍了数据分析驱动游戏决策的方法论，而要充分发挥此方法论的作用，必须构建精细化的游戏数据分析系统。本章将介绍如何构建精细化的游戏数据分析系统。

3.1 游戏数据分析系统的演进

随着游戏行业和技术的发展，游戏数据分析系统不断演进，到如今已经经历了三代，分别是基础指标系统、经营分析系统与精细化分析系统。下面分别介绍三代系统的功能与优缺点。

3.1.1 基础指标系统

最早进行数据分析的游戏公司，主要是拥有客户端网游或者知名页游的大公司。这些大型企业花费巨资组建本地机房，从数据采集、数据处理、数据建模到数据可视化，一整套系统都由自己实现。搭建这样一套自有的数据系统，耗费的成本与使用门槛都很高，并不适合绝大多数游戏公司。

进入移动互联网时代，游戏行业迅速发展，新兴的游戏制作团队如雨后春笋般出现，不少团队在游戏获得成功后希望通过数据分析来辅助运营，市场上对于游戏数据分析系统的需求越来越强烈。此时正值大数据技术飞速发展，有不少第三方数据公司基于开源的大数据组件，开发出通用的数据分析系统。这些系统的成本与使用难度都大幅降低，很快在市场上取得成功，成为行业标准。我们可以将这类系统称为第一代游戏数据分析系统。

第一代游戏数据分析系统最主要的特征是提供通用的基础运营指标数据，比如用户的新增、活跃、付费、留存与流失情况的数据等，因此可以称之为"基础指标系统"。通过系统提供的这些基础指标，游戏团队能直观地了解游戏运营的情况。不少现在耳熟能详的指标，都是在第一代游戏数据分析系统出现时被提出并得到业界认可的。

基础指标系统的数据接入也相对简单。一般来说，这类系统都会提供简单的、标准化的数据采集工具，只需要一名技术人员一到两个工作日的时间，即可完成数据接入工作。完成数据接入后，不再需要对系统进行额外的配置，分析人员就可以直接查看其中所有的指标数据。因为基础指标系统能够帮助游戏团队快速构建数据分析体系，所以很快获得了全行业的认可。时至今日，仍有一些游戏团队会在项目的起步阶段使用这类系统。

但是，基础指标系统也存在很大的局限性。首先，指标太少。尽管基础指标极为关键，但想要在运营游戏时做出高效而明智的决策，仅依靠基础指标是远远不够的。尤其是手游经过多年的发展，玩法的深度与广度都有了很大的变化，基础指标已经很难反映用户真实的游玩情况。由于基础指标系统提供的指标数据太少，分析人员很难从中获得有效线索，面对运营上的问题免不了"拍脑袋"做决策，数据的价值没有被充分利用。

其次，数据分析的维度也相当有限。大多数基础指标系统只提供区服、渠道、平台等最基础的分析维度。如果对活动付费指标进行下钻分析时，只能从区服、渠道等较为粗疏的维度下钻，无法从用户参与活动的深度、用户的活跃度等更为细致、更贴合业务的维度着手，那么分析人员就无法理解用户为什么要在活动期间进行付费，也就很难总结出如何提升活动付费率的结论。

最后，数据的实时性也不够。基础指标系统中几乎所有指标数据都是 $T+1$ 延时的，也就是说当天的数据要等到第二天才能看到。在游戏的关键节点，比如上线的第一天，这种数据延迟将使业务人员难以快速响应突发情况，最后可能导致重大损失。

3.1.2　经营分析系统

由于基础指标系统存在诸多局限性，不少游戏团队开始尝试通过自建或外包的方式，构建分析能力更强、更贴近业务的数据分析系统。这类系统大多被称为"经营分析系统"，也就是第二代游戏数据分析系统。

尽管每个游戏团队的经营分析系统在功能细节上各有不同，但基本的设计目的是一致的，就是解决基础指标系统的指标太少、维度过于单一等问题。因此，除了基础指标，经营分析系统还要提供更多反映游戏业务状况的指标，比如游戏内的玩法系统指标与运营活动指标等；并且要根据游戏类型与指标本身的特性增加更多下钻维度，比如对于 MMORPG 游戏，所有指标都可以按用户的角色等级及角色的职业分类，对于卡牌游戏的抽卡指标，可以选择抽卡的卡池类型进行下钻。经营分析系统提供的指标数量远超基础指标系统，使得分析人员能够获取更多有效信息。

有些游戏团队在构建经营分析系统时，采用了新的数据查询技术提升数据的实时性。比如，有不少系统能够实现 $H + 1$ 的数据延迟，即数据在被接收 1 小时后就可以被查询到。而少数团队的系统能够实现更低的数据延迟，达到分钟甚至秒级别，可以认为数据是实时分析的，这相比于基础指标系统，可谓性能的一大飞跃。

但是，经营分析系统也存在不少局限性。首先，实现指标所需的时间有点长。每增加一个指标，都需要技术人员开发一个新的数据模型及与之配套的看板报表，这样分析人员才能看到数据。游戏新版本上线后如果需要增加新指标，技术开发团队可能要花费一到两周时间才能完成指标相关的开发工作，效率并不算高。同时，游戏团队必须组建一个专门的数据开发团队来完成新指标的开发与系统维护工作。

其次，经营分析系统很难满足临时性分析需求。比如，业务人员在规划新活动时，往往需要获取一些粒度较细的数据，这些数据一般只会使用一次，我们将获取这类数据的需求称为临时性需求。这类需求无法通过分析系统现有的报表来实现，而单独为仅使用一次的数据开发一个新指标，性价比又很低，因此业务人员只能请技术人员拉取数据，这一过程往往要花费数天到一周。有时为了不贻误决策时机，业务人员只能勉强利用已有的宏观数据进行决策，经营分析系统的价值没能完全发挥出来。

最后，经营分析系统与底层的数据结构深度绑定，很难通用化。前文提到，经营分析系统需要采集游戏内各类玩法的数据。不同游戏在玩法与系统上天然存在差异，而且不同开发团队又有着迥异的数据采集习惯，这就使得每一款游戏的数据结构都自成一派，缺乏标准。数据结构决定了数据在分析时该如何获取和处理，因此数据结构的差异造成了指标实现逻辑的差异。以"购买道具"为例，如果在记录"购买道具"时，游戏 A 记录的是本次购买道具所花费钻石的总数，而游戏 B 只记录了单个道具的钻石消耗量及本次购买的道具数量，那么"钻石总花销"指标在两款游戏的经营分析系统中的计算逻辑就是不同的，前者只需要计算所花费的钻石总和，后者则需要先用单个道具的钻石消耗量乘以所购买道具的数量，求得单次的钻石花销，才能计算出钻石总花销。正是由于数据结构存在差异，一款游戏的经营分析系统很难直接复用于另一款游戏。

3.1.3　精细化分析系统

近年来，大数据领域涌现出不少极具颠覆性的新技术，其中数据查询技术对数据分析系统的影响最大。以 Impala、Trino、Clickhouse 为代表的查询引擎或数据库，查询效率远超传统数据库，即使面对亿级别以上的海量数据，仍能保持秒级别的查询速度。这些新技术的应用彻底改变了数据分析系统，更灵活、更高效且可自定义的第三代游戏数据分析系统应运而生。

得益于新型数据库在查询效率上的极大提升，第三代游戏数据分析系统不需要为每个指标单独做开发，如果需要分析某个指标，即刻就能创建相应的分析报表。这种改变不仅使响应临时性分析需求变为可能，还使分析的精细度进一步提高（因为可以将原始数据中的每个字段都作为分析的维度）。因此，第三代游戏数据分析系统也常被称为"精细化分析系统"。笔者所在的数数科技公司所推出的 TE 系统就属于精细化分析系统。

为了便于非技术人员使用，精细化分析系统提供了多个抽象的分析模型，每个分析模型都采用了独立的查询算法，并提供一系列图形化、可交互的分析控件。分析人员可以通过点选这些控件，调整分析维度、筛选条件与查询逻辑，无须编写查询语句即可实现查询需求。比如，分析人员希望优化新手引导的转化率，在"漏斗分析"模型中配置漏斗步骤（如图 3.1 所示），即可直接计算出转化率。如果需要调整新手引导的步骤，在原先配置的基础上修改相应的配置即可，整个过程只需要几分钟。而在经营分析系统中，新增或者修改该漏斗模型，可能要花费数小时。两者对比，可以明显看出精细化分析系统的效率要高很多。

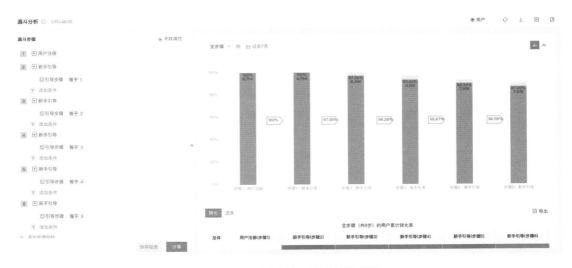

图 3.1　TE 系统中的"漏斗分析"模型

精细化分析系统普遍采用统一的数据模型，也就是"事件+用户"模型来记录数据。简单来说，就是将用户在游戏中产生的行为数据及描述用户状态的数据，分别归纳为事件数据与用户数据，并以统一的数据结构来记录。这种抽象的数据结构能够很好地记录不同游戏类型、各类玩法所产生的数据。"事件+用户"模型的另一个好处，在于数据结构的标准化。分析人员可以快速拉取自己需要的数据，而且分析模型也适用于更多数据。总的来说，精细化分析系统能够用于多种不同类型游戏的数据分析。

可以看出，精细化分析系统在一定程度上消解了经营分析系统的诸多局限性，能够快速构建指标解决临时性分析需求，能用于多种不同类型游戏的数据分析。除此之外，精细化分析系统还增加了一些新功能，比如用户分层功能，它可以根据用户在游戏中的行为将其分为多个层级，在使用模型进行分析时，分析人员可以比对各层级用户的指标数据，从不同的视角来理解数据。

3.1.4　小结

表 3.1 对比了三代游戏数据分析系统在功能上的差异，可以看出每一代系统与前一代相比都有不小的进步，而精细化分析系统作为目前最新的系统，在各个方面都更能满足游戏行业对数据分析的需求。3.2 节将介绍如何构建精细化分析系统。

表 3.1　三代游戏数据分析系统的功能差异

	基础指标系统	经营分析系统	精细化分析系统
数据实时性	有 $T+1$ 的延迟	延迟为 $T+1$、$H+1$，或实时	实时
数据结构	仅包含基础指标数据，数据结构最简单	不同的游戏，数据结构不同	采用"事件+用户"模型，可以涵盖各类游戏的数据结构
数据查询效率	查询基础指标的速度快，但不能计算复杂的、自定义的指标	查询基础指标的速度快，复杂的、自定义的指标查询起来较慢或无法计算	对多种指标数据需求，响应速度都能在秒级，在计算亿级以上的数据时，速度达到分钟级
支持的指标	只提供基础指标	支持游戏业务指标，但需要预先定义	通过抽象模型构建指标，可以随时添加新指标
自定义分析	不支持	通过 SQL 语句实现，效率较低	通过模型实现，效率很高
用户分层	不支持	大多数经营分析系统无法实现，小部分系统能实现简单的预定义分群	使用抽象模型实现，能很轻松地创建特定用户群，并支持为用户打上自定义标签，在做数据分析时可以直接使用分群和标签
分析的维度	维度较少且固定	维度需要预先定义，且相对固定	对数据的所有维度都可以下钻，同时支持对用户分群与标签的下钻

3.2　构建精细化分析系统

本节将介绍如何构建一套精细化分析系统，以及在构建过程中需要注意的事项。

3.2.1　系统选型

第一步是系统选型，即确定采用何种方式搭建系统。一般来说，有两种选型方式：自建系统，或者购买第三方开发的系统。至于具体选择哪种方式，需要游戏团队综合考虑自身的规模、技术实力、分析需求、成本预算、游戏所处的生命周期阶段等多种因素进行评估。下面简单对比两种方式的优点和缺点。

自建系统，也就是由游戏团队自己设计数据分析系统的架构，并自行完成开发。其优点非常明显，由于系统是由团队自己开发的，因此能充分满足业务人员的需求；但缺点也十分明显，无论是前期的开发还是后期的运维，都需要耗费大量的时间与人力成本。另外，自建系统的门槛较高，一般都需要设立专门的系统开发维护部门，招募专业的开发及运维人员。所以，这一方式适合技术实力比较强，能够承担较高成本且定制化需求较多的大中型游戏团队。

而购买第三方开发的系统，从理论上来说可以节省时间和人力成本，但实际效果取决于所采购系统的专业性。目前市面上第三方提供的精细化分析系统中，数数科技研发的 TE 系统专注于游戏行业，高效、灵活，支持全端数据采集、多维交叉分析、私有化部署和二次开发，可帮助不同体量规模的游戏企业完成一体化数据运营分析，实现游戏业务增长。

3.2.2　接入数据

完成系统选型后，接下来就要考虑如何接入数据了。对于从未采集过数据的游戏项目，接入数据需要 3 步：1）确定数据接入方式；2）设计与实施埋点；3）数据验收与管理。对于已经有数据的游戏项目，则需要将这部分数据迁移到新的系统，在本节的后半部分将会简单介绍如何迁移数据。

1. 确定数据接入方式

确定数据接入方式，也就是确定以什么样的方式采集数据：是通过客户端上报数据，还是通过服务端记录数据，又或者是两种方式混合使用？客户端采集与服务端采集各有优劣，二者混合使用虽好，但有很多细节需要注意。到底该如何选择，在第 4 章中将有更为详细的介绍。

大多数第三方数据分析系统服务商都会提供上报数据的 SDK，帮助开发人员采集数据。现在绝大多数游戏都是通过游戏开发引擎制作的，游戏开发引擎提供了跨平台、跨系统的能力，如果直接使用游戏开发引擎的 SDK 接入数据，只需进行一次埋点，即可获取各平台、各系统的数据，避免了重复工作。所以，服务商是否提供了游戏开发引擎的 SDK，也是在采购第三方开发的数据分析系统时需要考虑的因素。

2. 设计与实施埋点

确定数据接入方式后，接下来就要考虑如何采集数据。一般来说，采集数据的工作分为两步：第一步，由业务人员或者分析人员确定需要采集的数据类型与具体内容，也就是设计埋点；第二步，开发人员编写用于采集数据的代码，也就是实施埋点。

如果说数据是进行数据分析的前提，那么埋点就是获取数据的前提，埋点的质量将直接影响数据分析的有效性与准确性。那么，如何设计出完善的埋点呢？本节从 3 种数据分析思维的角度给一些建议。

首先，运用结构化思维，通过拆解模块的方式设计埋点，避免出现遗漏。比如，先将游戏分为基础模块、玩法模块、养成模块、经济模块、活动模块等大类模块，再将大类模块拆解为具体的玩法和系统，例如可以拆解出主线关卡、资源副本、竞技场等玩法模块，拆分出经济系统、道具系统、VIP 系统、公会与好友系统等。最后，再针对每个玩法和系统设计具体的埋点，例如将主线关卡拆解为"进入关卡"、"关卡通过"与"关卡失败"等事件。经过这样的拆解后，埋点就能覆盖游戏中的每一个玩法与系统。

其次，运用业务化思维，在设计埋点时首先考虑业务目标，要区分哪些数据、哪些维度对业务分析是有帮助的，哪些则帮助不大。对于能够反映用户游玩状态的数据与维度，可以将埋点设计得更精细一些，比如增加更多维度，增加更多采集点等。比如，主线关卡是游戏中非常核心的玩法，在设计埋点时就可以增加更多内容，例如增加用户是否是首次挑战此关卡、用户是否之前已经通关、关卡通关耗时等属性。记录的数据越详细，分析时可以用的数据也就越多，也就越能帮助分析人员理解用户。

最后，运用前瞻思维，设计埋点时考虑埋点的长期迭代能力。随着新版本与新活动的推出，游戏会不断增加新的内容，也势必会产生新的数据，所以埋点时必须为未来的新增数据提前做好规划。对于一些经常增加内容的模块，可以考虑设计一套通用的抽象数据结构来记录数据。一般情况下，游戏会不断推出新的活动，一年的活动类型可能多达十几种，可以使用一个通用的活动数据结构，比如用"参与活动"事件记录所有类型的活动数据，再用一两个属性来记录具体的活动内容，比如用"活动类型"属性记录用户具体参与的活动，再用"活动描述"这个属性记录额外的描述性信息。通过这种方式，所有活动数据就可以用一套数据结构来记录，避免埋点过于复杂。

为了方便开发人员实施埋点，建议通过在线文档的形式记录埋点方案。在埋点方案中，还可以加入更多辅助信息，比如埋点的触发时间、属性的取值逻辑等，让开发人员能够了解数据采集需求，避免埋点的实施与设计方案不符。

3. 数据验收与管理

一旦接收了新数据，就需要立即对这些新数据进行验收，尽早排查问题。数据的验收有两个方面：一是验证采集逻辑，确保数据采集的逻辑与埋点方案一致，主要检查数据类型是否与埋点方案中的一致，数据内容是否准确，以及数据在上报时是否存在遗漏；二是验证数据逻辑，也就是验证根据这些数据能否计算出关键指标，这就需要在对应的分析模型中使用新数据，看计算的结果是否符合预期。

在验证数据无误之后，就可以为新数据命名、归类、填写备注，对数据进行管理，方便分析人员与业务人员后续使用。数据管理还需要做一项工作，就是将一些在分析时不易使用的字段处理成更容易使用的形式。最常见的如"道具 ID""区服 ID"等字段，在数据中往往以内部 ID 的形式记录，比如道具 ID"10001"、区服 ID"123"等。使用这样的字段时，分析人员必须清楚 ID 指代的具体内容，否则分析过程就容易受阻。在数据管理阶段，建议将 ID 对应的具体内容关联到数据分析系统中，比如道具 ID"10001"对应的道具名是"初级强化石"，那么在分析时就可以直接使用道具名，这样分析结果将更为直观，分析过程也可以更为顺畅。

4. 数据迁移的流程与建议

如果要将已有的游戏数据从老系统迁移到新系统，需要完成两个工作：首先要做的是数据同步，也就是将老系统中的数据传输到新系统中；其次是完成数据同步后，切换数据的上报地址，将新数据上报至新系统。

数据迁移涉及在两个系统之间切换，而新老系统之间必然存在诸多差异，所以在进行数据迁移时，需要考虑以下两个问题：

- 新老系统的数据结构差异。数据结构差异决定了迁移时数据转换的复杂度与工作量。数据结构差异越大，数据转换的工作就越复杂、越耗时，也越容易出现问题。一旦数据出错，就必须重传，浪费大量的时间和精力。
- 数据迁移期间的系统使用问题。由于数据迁移需要一定的时间，如何保障迁移期间分析人员对数据的查看与分析需求，是一个必须考虑的问题。

针对这两个问题，此处给出两个建议：

- 数据迁移时采用"小步快跑"的方式。先以小规模数据验证新系统对数据结构的处理逻辑，比如每种数据类型只传输一到两天的数据，完成验证后再大批量导入数据。通过这种方式，可以快速、低成本地检验数据处理逻辑，提高迁移效率。

- 数据迁移期间采取系统并行的策略，即在一段时间内，两个系统并行使用。在此期间可以不断验证新系统的数据质量，并保证在旧系统上仍然能看到数据。

3.2.3　构建指标体系

完成数据接入后，接下来要做的就是构建指标体系。指标体系是数据分析系统的主要模块，一套完备的指标体系应该涵盖所有能反映游戏运营状况的指标，包括但不限于核心指标、玩法系统指标、用户生态指标与活动参与度指标。

依托指标体系，精细化数据分析系统能提供两个重要的功能。第一个功能是指标看板，将指标数据以可视化的方式呈现出来，使运营人员能及时、直观地了解游戏的最新动态，分析人员能够一目了然地获取关键信息。第二个功能是监控与预警。在系统中为重要的指标设置阈值，当指标数据发生异常波动时，业务人员在第一时间能收到通知，及时采取行动。本书第 5 章将详细地介绍如何构建指标体系。

3.3　精细化分析系统的深度运用

精细化分析系统能方便地增加指标，支持用户分群和多种分析维度，实际上，除了展示核心指标、监控游戏生态，它还能完成更为复杂的数据分析任务，深入挖掘数据的价值。本节将给出两个深度运用精细化分析系统的案例，希望为各位读者带来一些启发。

3.3.1　专题分析与探索性分析

游戏数据分析大致可以分为两类：基于某个主题的专题分析与不预设主题的探索性分析。

顾名思义，专题分析是围绕具体主题展开的分析，验证游戏新版本的内容、排查异常数据、评估已上线活动的效果，都可以算作专题分析。在撰写分析报告的过程中，分析人员将频繁、深入地使用数据分析系统获取数据依据。精细化分析系统灵活的下钻分析功能为分析人员提供细致而独特的分析视角，帮助其理解数据背后的用户心理，提高分析的准确率。本书第 6 章将介绍精细化分析系统如何助力分析人员更高效、更灵活地进行专题分析。

相比专题分析，探索性分析听起来可能要陌生一些。这主要是因为探索性分析非常依赖自定义分析，因此在精细化分析系统出现之前，要做探索性分析是较为困难的。探索性分析虽然不预设主题，但分析目标很明确，就是找出用户活跃、付费及流失背后的真实原因，理解用户玩游戏的心理机制，获取优化游戏的线索。本书第 7 章将探讨如何进行探索性分析。

3.3.2　数据的多样化运用

除了查看数据与解决业务问题，精细化分析系统还能发挥更大的价值。最为常见的是为用户打"标签"，即利用精细化分析系统找出具有某些特征的用户，将这些用户在业务系统中打上"标签"，运营人员可以对指定"标签"下的用户群体进行有针对性的处理或干预。

许多 MMORPG 游戏的团队用这种方法来识别在公共聊天频道中的异常用户。在精细化分析系统中，找出短时间内发言很多但很少参与核心玩法而进度又靠前的用户，对这些用户打上"刷屏用户"标签，运营人员可以非常方便地对他们进行禁言或者账号封禁处理。除此之外，也有部分团队会在系统中找出近几日游玩次数大幅下降的付费用户，将这些用户打上"潜在流失用户"的标签，后续可以对这些用户施行短信召回等干预策略，以重新激活。

还可以将数据分析系统与工作群（如协同办公群、企业微信群等）打通。比如，根据系统中的核心指标数据生成周报和日报发布到工作群中，分析人员可以在第一时间看到核心数据，团队成员也可以直接在工作群中讨论周报、日报中的数据问题，提高工作效率与数据利用率；又比如，将指标预警功能和工作群打通，一旦指标数据出现异常，运营人员就能在工作群中收到消息，查看情况，并及时采取措施。这种方式使数据分析更好地与业务流程融合，使不同职能的团队成员都能受益。

3.4　总结

本章主要介绍了游戏数据分析系统的演进过程，以及如何构建精细化的游戏数据分析系统。接下来的章节将以 TE 系统作为主要演示平台，详细介绍精细化分析系统如何发挥价值。

第二部分

实现游戏数据分析的方法

第 4 章

数据采集

数据采集是进行数据分析的基础。如果没有高质量的数据，再精妙的分析方法都难以产生有价值的结论，甚至根本无法展开分析。随着互联网技术的高速发展，游戏数据的产生渠道和存储方式愈发多样，数据可直接来自于客户端，也可由服务端产生；同时，数据来源也不再局限于企业内部，第三方合作伙伴的数据也具备较高的业务价值。场景和业务的多样性为数据的采集和接入带来了新的挑战。本章介绍如何完整、准确、合理、规范地采集有价值的数据并将其接入数据平台。

4.1 概述

数据采集的概念很容易理解，即"通过各种触点，采集特定的用户行为数据并发送至数据平台的过程"，详细的解释如下：

- 触点是指用户产生各类行为数据的端点（如客户端、服务端等）。各种场景下的数据都有其特定的价值，全端数据的接入是制订数据采集方案时的核心关注点。

- 这里强调特定的用户行为，意味着并不需要采集用户所有的行为数据。例如，MOBA（Multiplayer Online Battle Arena，多人在线战术竞技）游戏中的鼠标点击及角色移动的数据，APM（每分钟操作次数）较高的用户可能在 1 秒内就会点击 10 次。这类数据会占用大量存储空间，而且对后续分析的价值很小，是不需要采集的。
- 确定触点和特定的用户行为之后，就可以采集和上报数据了。数据的采集可通过埋点实现，即在接口中部署一段代码，采集这段代码所标注的用户行为数据，再打包上报到数据平台。

接入数据后，业务系统和数据平台才算是打通了，数据可以为业务系统所用，反映业务现状。通过数据接入，可以将散布在企业内外的各种业务数据收集起来，经传输和处理后以特定的格式存储到数据平台，供后续分析之用。

为了满足后续的数据分析需求，数据采集方案需要符合 4 个原则：完整性、实时性、可协同性、可实施性。

1. 完整性

数据采集方案的完整性可以分为业务上的完整性和技术上的完整性。业务上的完整性是指所采集的用户行为数据、属性数据是完整的，足以支撑后续的各种分析场景。技术上的完整性是指各端点采集的数据可以被完整地传输到数据平台，中间不发生数据丢失。如果数据在采集、传输、转化等过程中丢失，将使后续的数据分析产生逐级叠加的偏差。

2. 实时性

实时性是数据分析中最常见的痛点。实时的数据采集是保障数据分析时效性的首要条件。要保证数据采集方案的实时性，就要及时采集用户行为数据，并将其尽可能低延时地传输到数据服务器上。同时，这些数据应该可以直接用于计算，使得数据分析的结论能为对业务提供及时的指导。

3. 可协同性

可协同性是一个很容易被忽视的原则。很多企业数据采集方案中的埋点方案是由不同团队分别负责的，比如客户端埋点由客户端团队负责，服务端团队则负责服务端的埋点。在数据采集端点多样化的情况下，负责不同端点的开发人员各自完成对应的埋点工作，以至于在项目团队中没有能够整合分析所有埋点的人。即使埋点方案非常完备，数据的不可协同性也会让数据分析缺乏整体视角，极大地降低了数据的可用性。

4. 可实施性

数据采集方案的可实施性和埋点可行性及复杂度有关，要慎重考虑埋点的合理性（主要是指"开发成本大于分析价值"的埋点需求）。通常来说，数据分析的优先级是低于业务的，如果采集特定数据时，实施埋点的复杂度比较高，甚至可能会影响核心业务，则可认为该方案是不可实施的。

比如，采集用户"生命周期"属性数据的过程中，要求采集发生登录事件时"用户使用产品的天数"。该属性数据的计算逻辑很简单，假设用户 1 月 1 日注册，1 月 2 日登录，那么登录行为发生在整个用户生命周期的第 2 天。"用户使用产品的天数"这类数据需要在每次采集用户"生命周期"属性数据时，根据用户的注册时间计算出来，并实时发送到服务端，但这一需求在数据采集层面就很难实现。因此在设计埋点时，不需要考虑实时采集该属性数据，在实践中也可将该需求转到后续的数据处理、ETL、数据分析过程中完成。

4.2 常见的数据采集方式

与其他行业相比，游戏行业的数据更加庞杂，涉及的部门和人员众多，数据采集的工作往往更具挑战性。作为数据分析的第一步，数据采集工作的质量，决定了数据分析的效率和深度。在游戏数据分析中，常见的数据采集方式主要有客户端采集、服务端采集、混合采集、第三方平台接入等。

4.2.1 客户端采集

客户端采集是指在手机、平板电脑、PC 等用户设备上完成数据采集。客户端采集涉及的平台和设备类型很多，包括各种移动端设备、浏览器、小游戏平台等。平台的多样性大大增加了客户端数据采集的复杂性和实施成本，一般情况下，可以通过各类 SDK 完成对应的数据采集。针对游戏引擎研发的数据采集 SDK 可以很好地支持跨平台数据埋点的部署，极大地降低数据采集成本。

客户端采集最大的优势是可以直接获取与用户设备相关的信息，如设备的广告 ID、网络状态，设备的型号、屏幕大小等数据。另外，一些与用户操作相关但不涉及与服务端交互的数据，只能在客户端完成采集。比如，运营人员上线一项活动，用户浏览并到达了活动页面，却没有参与该活动，由于浏览页面不会直接与服务器交互，因此该行为的数据只能在客户端完成采集。

客户端采集的劣势也非常明显。首先，客户端采集会不可避免地存在数据缺失问题。如前所述，数据采集并非核心业务，如果因为网络等原因导致数据上报失败，客户端不会也不应该无止境地等待和重试。所以，客户端采集没有办法 100%保证数据的完整性。

其次，由于客户端环境的多样性，客户端很容易出现一些"脏数据"（指源系统中的数据不在给定的范围内，或对于实际业务毫无意义，或数据格式非法，或由于在源系统中存在不规范的编码和含糊的业务逻辑而导致数据不可用）。例如，某个用户为了快速刷新关卡及礼包的计时，调整了客户端的本地时间，客户端采集的数据中就很容易出现一些时间序列比较奇怪的数据流。此时，一般可以利用服务端时间进行校准，不过会增加开发的工作量和复杂性。

4.2.2 服务端采集

服务端采集是指通过服务端 SDK 或者数据导入工具，将业务数据库中的数据或日志数据导入数据平台。服务端采集最大的优势是能保证数据 100%的准确。业务数据库中的数据和日志数据，在理论上是完全一一对应的。

另外，服务端能够采集到更加全面的业务数据。例如，某游戏的运营活动在当日 24:00 点会进行数值结算，第一名的用户将获得 10 000 枚金币，第二名获得 5000 枚金币，第三名获得 1000 枚金币。结算只能通过服务端完成，如果通过客户端结算，只要用户不打开游戏 App，其获得的金币数据就无法上报。在某种意义上，可以认为服务端处于"上帝"视角，对业务数据的采集更全面，并且更具深度。

服务端采集也是存在劣势的。首先，服务端很难实现以用户为单位的行为流数据采集。比如，某活动有 3 个入口，用户选择从第 3 个入口进入活动页面，"从入口 3 进入活动页面"就属于单个用户的行为流数据。单个用户的行为流数据在某些分析场景中可为核心行为提供较为全面的上下文信息。但很多行为流数据不涉及与服务端的交互，因此只能通过客户端采集。其次，服务端要同时承载数十万甚至更多用户的请求，如果所有数据全部由服务端采集会带来较大的性能开销，通过客户端采集的方式，将一部分性能开销转移到客户端，是技术团队比较倾向采取的方式。

4.2.3 混合采集

如前文所述，服务端和客户端采集各有适用的场景。在采集游戏数据时，很多情况下需要客户端与服务端配合，才能保证完整获取完整的用户行为路径。在实践中，客户端和服务端混合采集数据的方式应用得更广泛。接下来，我们将用两个案例讨论混合采集的场景。

第一个案例是从用户参与活动到完成充值的场景。如图 4.1 所示，当用户进入游戏商城时，会在活动弹窗中看到 5 元的超值礼包，用户点击弹窗，打开活动页面，参与活动并完成充值。

图 4.1　用户从参与活动到完成充值的过程

在这个过程中，用户打开活动页面仅会导致页面加载，一般情况下不需要与服务端交互。当用户打开页面，点击"参与活动"按钮后，服务端可以通过付费界面的弹出或者结算操作，感知用户参与活动的行为。"点击'参与活动'按钮"并非关键事件，在大多数情况下，可在客户端采集此类事件的相关数据。关键事件反映了新增用户数、活跃度、付费率等宏观指标，应由服务端采集。用户参与活动后，部分用户会点击"充值"按钮，完成充值。而"完成充值"是一个关键事件，会直接影响游戏的收入评估、广告渠道评估、第三方数据对账等工作，必须保证数据准确性，因此"完成充值"事件的数据最好通过服务端采集。

第二个案例是用户参与竞技场活动，系统进行结算的场景。如图 4.2 所示，用户有进入竞技场页面、开始竞技场战斗等行为。同时，每天 24:00 点系统会启动周期性自动结算，按照当天的竞技场排名给用户发放相应的道具与奖励。

图 4.2　采集用户参与竞技场活动的数据

竞技场结算是服务端定时启动的任务，在服务端批量生成，因此只能通过服务端完成数据的采集。而对进入竞技场页面和开始竞技场战斗等行为数据的采集可以在客户端完成，以减轻服务端的压力。

4.2.4　第三方平台接入

除游戏内产生的数据（包括由客户端、服务端接入的数据），很多情况下还需要集成第三方平台的数据作为补充，以便进行更全面的数据分析。在游戏行业，常见的第三方平台数据为营销类数据，此类数据包括第三方归因平台的渠道归因数据、媒体渠道的曝光数据、广告变现平台的收入数据等。常见的第三方平台如图 4.3 所示。

图 4.3　常见的第三方平台

接入第三方平台数据后，可以将用户的来源渠道、买量成本、广告变现收入等数据与用户的游戏内行为数据结合起来分析。比如，根据成本和收入数据，可以计算用户的 LTV 和整体的 ROI 指标，进而对比分析不同渠道的用户价值，以评估买量效果或广告素材的效果。

第三方平台数据可以分为明细数据和聚合数据两种，部分平台可以提供用户级别的明细数据，通过用户识别 ID 可以将这些数据与游戏厂商数据平台中的用户数据进行关联，灵活地构建各种指标。但是，在很多情况下，第三方平台只提供聚合数据。比如，很多平台仅提供广告计划级别的成本数据，缺少广告曝光行为的明细数据。此时需要在数据平台中用一定的方法，将聚合数据分摊到通过该广告计划激活的游戏用户上，为便后续分析买量成本。

4.3　制订数据采集方案

在采集数据的过程中，我们需要对数据的结构、数据采集的流程、所接入数据的范围和规模，以及研发、运维的数据规格与标准等有更深入的了解。如何为游戏制订一套完善的数据采集方案呢？首先，应确立清晰的目标，以便更周全地设计需求文档，提高后续数据分析工作的效率，避免数据上报和存储过程中出现沟通不畅等问题。其次，需要明确数据管理方案，使数据满足具体的分析需求。最后，对埋点分层，并执行每一层埋点方案。

4.3.1　数据采集方案的切入点

制订数据采集方案的第一步是明确目标。在开始后续操作之前，首先要思考数据能够解决什么问题，以及为什么这些问题是重要的。如果目标不明确，有可能造成采集来的数据无法满足分析需求，需要在后期调整。这样不仅会增加埋点成本，还有可能影响业务的增长，因为埋点的实施需要时间。所谓制订数据采集方案，其实大部分工作是制订埋点方案，因此，本节及以后的内容多以埋点方案为例来介绍。

我们可以从业务目标和用户两个角度切入。

1. 从业务目标角度切入

从业务目标角度切入，是指确定业务上的数据分析目标，然后基于该目标对指标进行拆解，逐步确定需要采集哪些类型的数据。数据采集方案的设计，考验的不是技术能力，而是业务能力和数据思维。业务目标的清晰度在很大程度上决定了所采集数据的质量，实施埋点的技术和方法对数据质量的影响则相对较小。

下面通过一个案例来阐述如何从业务目标角度切入来制订数据埋点方案。该案例的业务目标为"优化新手期用户体验"，其埋点方案的具体思路如图 4.4 所示。

本案例的关键业务目标为"优化新手期用户体验"，首先将其拆解为新用户首日关键指标、新用户教学转化率、新用户关卡通关情况等 3 个关键维度，然后针对每一个关键维度拆解出相应的关键事件和关键属性。这样，通过自上而下地拆解，最后将业务目标"落地"到具体的关键属性上，根据这几个关键属性来制订埋点方案。

通常来说，用户行为事件的前因后果很重要，在数据采集阶段应该采集尽可能多的数据链，为后续的分析提供更多的灵活性。因此，除了关键属性外，还需要记录游戏中的通用属性数据，例如用户的来源渠道、所在的服务器、职业等。之所以将通用属性单独列出来，是因为它们与大部分用户行为事件都有关联。通用属性展示了用户产生行为时的关键状态或者字段，默认在每个事件中都是需要采集的，在设计埋点的过程中可以统一处理。

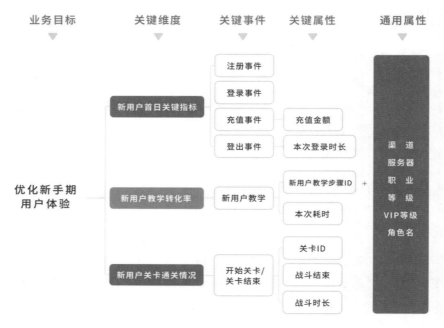

图 4.4　制订"优化新手期用户体验"埋点方案的思路

从业务目标角度切入设计后续埋点方案，需要对业务有深刻的理解。但是在实际实施埋点时，往往很难穷尽业务目标和对应的指标。这时，就需要从用户角度切入设计方案作为补充。

2. 从用户角度切入

从用户角度切入，采用的是自下而上的设计思路。当无法完全确定业务目标时，可以从用户角度思考，能采集哪些数据在后续的分析场景中使用。数据采集方案如果没有可实施性，那么即使其业务目标很明确，也没有什么意义。与用户相关的事件可以分为两类：用户主动事件和用户被动事件。用户主动事件是指用户根据上下文环境进行决策后主动触发的事件。用户被动事件是指系统触发的与用户相关的事件，一般是由用户的主动行为触发的系统反馈事件。

对于用户主动事件，需要关注其显性属性和隐性属性。以竞技场挑战事件为例，显性属性即在游戏界面中能够看到的、与玩法相关的属性。显性属性是用户做行动决策之前，系统对竞技场其他用户的记录。正是因为了解了这些被记录的显性属性（如对手等级、对手阵容、挑战成功的奖励等），用户才会做出"我要挑战这个对手"的决策。只有将用户做决策时的显性属性记录下来，在后面分析用户为什么参与竞技场、为什么喜欢竞技场、为什么因竞技场挑战而流失等课题时，才能根据其之前的决策找到数据依据。

隐性属性是指在事件上下文中不明显，但同样会影响用户决策的相关属性。例如，在竞技场界面中不会展示用户自己拥有的英雄属性和战力值，但用户会根据这些信息决定是否参与竞技场，以及英雄出场的顺序等。因此，这些属性对将来的分析同样具有很强的参考性。对于用户主动事件，需要结合显性属性和隐性属性，才能完整地描述用户决策现场的参数。

用户被动事件可以分为以下 3 种类型。

- 反馈型事件：系统对用户行为的反馈，例如充值成功、获得道具等。
- 结算型事件：特指活动结果结算、竞技场排名结算等事件。
- 被动接收型事件：由其他人触发的事件，例如用户在竞技场中被他人攻击。

被动事件不一定与用户的特定行为直接关联，因此很难在客户端完成数据采集。例如，当用户在竞技场被其他用户攻击时，系统会为用户触发一次事件，但此时用户可能并未登录游戏。被动事件的数据一般由服务端来采集，同时将该事件通过用户 ID 与用户进行绑定。

从业务目标角度和从用户角度切入设计方案，两种方式各有优劣，其对比如表 4.1 所示。

表 4.1　从业务目标角度切入 vs. 从用户角度切入

	从业务目标角度切入	从用户角度切入
方　式	从游戏当前的关键业务目标及关键维度切入，将其细化为对应的事件及属性	以用户在游戏中的决策行为及决策结果作为切入点，设计完备的埋点方案
优　势	埋点目标明确且可用性高	完整采集用户行为的前因后果数据，后续可有效回溯
劣　势	所采集数据的可扩展性较差，容易造成历史数据的属性缺失	实现起来工作量大，采集的数据中有较多冗余

从业务目标切入设计的数据采集方案，可以保证每一次埋点上传的数据都是高质量的，而

且能立即用于业务分析。但业务目标很难穷尽，还会随着游戏版本的迭代发生变化，因此从用户角度切入设计方案，能进一步完善和补充数据。

在实践过程中，通常会先根据业务目标确定重点分析模块。比如，要分析新手期的用户体验，就需要关注新手引导、新手期的关卡、玩法等模块，再根据不同的分析模块确定关键事件。同时，可以关注用户实施这个关卡行为时的显性属性和隐性属性，将影响用户行为决策的信息记录下来，构建成双维度的分析体系。这样的话，从业务目标和用户两个角度所设计的埋点形成互补，使埋点后接入的数据不仅立刻可用，也避免了埋点无法满足后续需求的情况。

4.3.2　明确数据管理方案

上一节讨论了设计数据采集方案时的切入点，即先根据业务目标确定重点分析模块，自上而下对业务目标进行拆解，确定需要采集的用户行为事件；同时，从用户角度切入，采集对用户行为产生影响的数据作为整体方案的补充。本节将进一步介绍数据采集方案的实施细节——管理数据。为了完整、准确地描述用户行为事件的数据，我们采用 4W1H 框架（4W 表示 Who、When、Where 和 What，1H 表示 How）来描述数据，如图 4.5 所示。

图 4.5　用 4W1H 框架来描述用户行为事件数据

一般来说，用户行为事件数据包含以下维度的信息：

- Who（谁）：即行为事件的主体，一般是某个角色或账号，可以用角色 ID、账号 ID 来标识。除了用于识别事件主体的 ID，与事件主体相关的信息还包括该主体的社会属性，如性别、身份证号、年龄、地域、籍贯等一切可采集到的属性数据。

- When（什么时候）：即事件是在什么时间发生的，这里不仅要关注实际的物理时间，还要弄清楚触发该事件的时机。比如，"开始战斗"这个行为对应的事件触发时机，就是用户点击"开始战斗"按钮的那一刻。采集时间信息时需要注意设备时间的可靠性，以及不同时区下时间的统一性。
- Where（在哪里）：指的是用户的地理位置、使用的设备与网络，用过什么样的屏幕玩游戏。
- What（做了什么事情）：这一点很容易理解，指的是用户做了什么事情，比如充值、开始战斗、登录等。
- How（怎么做的）：How 位于上述 4W 的向下细分层，描述的是事件的属性。比如，用户充值后，在该充值事件下的充值金额、订单号、充值渠道等信息。

通过 4W1H 框架可以很好地理解用户行为事件数据所包含的要素。其中，有 4 个核心要素与数据采集方案的实施有紧密联系：事件、事件属性、触发时机和用户属性。

1. 事件与事件属性

事件与事件属性这两个概念很容易混淆。比如，将"充值 6 元"作为一个事件来采集并记录数据，只要游戏的内容与版本在短时间内不发生变化，这样埋点也并非不可行。但是，这种埋点思路仅聚焦于当前场景，缺乏面向未来的可拓展性。假如未来游戏中的充值金额档位增加，比如拓展为 12 元、24 元、128 元等不同等级，就只能通过增加更多的充值事件来完善埋点。

对于用户可以自定义充值金额的场景，又该如何设计埋点呢？很显然，如果将"事件"和"事件属性"绑定在一起埋点，将增加数据的理解成本和管理成本，并且要是将来希望对所有充值事件一起分析，也会很困难。

对于这种场景，需要很明确地区分"事件"和"事件属性"，前者表述用户做了什么事情，后者则记录事件发生时的上下文信息。对于上面的案例，正确的做法是将"充值"行为作为一个事件记录，再用"充值金额"这个属性来表示充值的额度，在上面案例的场景中，"充值金额"属性的值为 6。

2. 触发时机

触发时机是在实践中比较容易被忽略的埋点要素。从统计口径和数据完整性两个维度来看，触发时机对后续的分析都有重要影响。比如，"参与活动"事件是在用户浏览活动页面时触发的，还是在用户完成活动时触发的，将影响后续与该事件相关的一系列分析逻辑和分析结论。再比如，与关卡相关的事件有"开始关卡"和"结束关卡"，在关卡中还有若干"关卡战斗"事件。为了后续能进行更细粒度的下钻分析，就不能仅仅在用户结束关卡的时候上报事件，而是要在用户进入关卡和在关卡中开始战斗时，分别记录相关事件，这样采集的数据才完整。

3. 用户属性

除了上述与事件相关的内容，还需要记录与用户状态相关的属性，因为它们描述了用户的特征。事件属性中记录的是与事件相关的上下文信息，而用户属性则记录与用户相关的状态信息。一般情况下，用户属性不会频繁地发生变化，如用户的出生日期、性别等社会属性，以及用户的来源渠道、注册时间、当前等级等游戏内相关属性。对用户属性可以单独分析，帮助洞察用户的特征和画像，也可以与事件进行关联分析和对比分析。

实际上，这 4 个核心要素可以分为事件和用户两大类，存储数据时也只需重点关注这两类。事件和事件属性存储在事件表中，记录的是事实数据；用户属性存储在用户表中，描述的是用户的特征。

基于用户表和事件表，不仅可以关注特定的宏观指标，还可以很方便地开展多维交叉分析。宏观指标如 DAU、ARPU、LTV、ROI、次日留存率等，更多的是描述当前发生了什么，如果需要进一步分析为什么会发生，就需要在接入数据时制订规范的数据管理方案，使采集的数据能用于之后的下钻分析和对比分析。

4.3.3 埋点方案的层次

4.3.2 节详细介绍了如何确定要采集哪些数据、数据的结构和数据的管理。本节将进一步介绍在实践中如何实施埋点。很多团队期望一次性将所有数据的埋点方案设计好，并且将数据接入数据平台。实际上，因为业务总会变化，业务目标也是不断动态调整的，所以埋点方案的设计做不到一劳永逸，只能不断迭代、逐步完善。

在着手设计埋点方案时，需要根据重要性和特点对用户在游戏中的所有行为分层，然后依据行为分层，结合业务的发展情况，逐步完善埋点方案，接入数据。如图 4.6 所示，在实践中可以将用户的行为分为关键行为、生态行为、边缘行为等 3 类，对这 3 类行为的埋点对应了埋点方案中的 3 个层次。

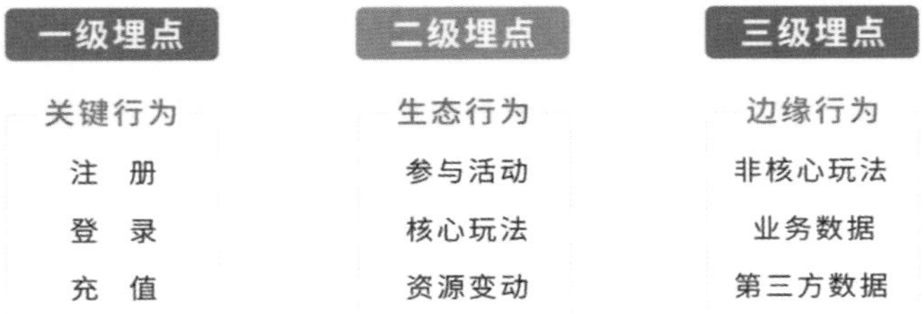

一级埋点	二级埋点	三级埋点
关键行为	生态行为	边缘行为
注　册	参与活动	非核心玩法
登　录	核心玩法	业务数据
充　值	资源变动	第三方数据

图 4.6　数据埋点的层次

1. 一级埋点

一级埋点对应用户在游戏中的关键行为，一级埋点的设计和实施是要优先开展的工作，它是后续所有工作的前提。无论最终的业务需求发生什么变化，用户的关键行为都是数据分析的前提和基础，因此必须完成针对用户关键行为的埋点。比如，无论是哪一种类型的游戏，新增用户数、活跃度、付费率都是需要重点关注的最基础的指标，与之相关的用户行为，如注册、登录、充值等，就是关键行为。

2. 二级埋点

二级埋点对应的是用户在游戏中的生态行为。生态行为是指与最终的结果数据相关的一系列用户行为。例如，对于"付费"这个结果，可能与用户参与游戏运营活动、体验核心玩法及资源变动等事件有关联。正是因为用户在游戏的核心玩法、运营活动中产生的一系列行为，触发了最后的"付费"。只有对生态行为数据进行完整的采集，才能具体分析特定指标发生波动的原因。

3. 三级埋点

最后需要考虑的是边缘行为，将其作为三级埋点进行设计和实施。对用户边缘行为的埋点是对前两类行为埋点的补充，更多的是为了进一步解释和完善前面两级埋点数据。边缘行为数据并非不重要，但是需要与前面核心指标和核心玩法的分析相结合，才会有较高的分析价值。例如，根据第三方归因平台的数据，可以标注用户的来源，但是用户的来源要结合不同来源渠道的用户在游戏中的表现才有分析价值。

对埋点分层后，可以根据优先级依次确定每一层的埋点方案。优先考虑用户关键行为的埋点设计，在用户的关键行为埋点被触发时采集对应的事件和事件属性数据。针对每个关键行为，考虑与其相关的生态行为，最后再考虑如何将其他的关联数据接入数据平台作为补充。

4.4　管理数据

完成埋点方案的设计后，就可以实施埋点了。在实施埋点及之后使用埋点数据进行业务分析的过程中，对数据进行管理很重要。

首先，埋点需要维护。随着外部需求的变更，已有的埋点可能会调整或者下线；游戏出现新增特性时，也会产生新的埋点需求。在创建数据平台的初期，就应明确数据的定义、类型和意义，建立元数据管理方案，避免后期多部门人员协作时沟通不畅，有效降低数据分析错误的概率。

其次，数据分析需要有高质量的数据。数据的缺失、重复等问题会带来分析上的不便，而数据错误则会导致得出错误的分析结论，产生更多的成本。

最后，随着数据的应用范围越来越广，数据隐私和数据安全问题越来越受重视，需要积极应对这些问题。

4.4.1　元数据管理

元数据是关于数据的数据，描述了数据的定义、类型和意义，对数据类的应用至关重要。元数据管理是一个很大的概念，对其进行完整介绍和描述超出本书的范围，本节仅就三个方面简单谈一谈元数据管理。

1. 帮助业务人员更好地理解和使用数据

由于设计埋点、实施埋点、使用埋点的人往往不同，因此保证所有参与者对数据有统一的认知就很重要。在实际场景中，理解数据是分析数据的第一步。缺乏对数据的认知和理解，后续的分析就无从谈起。

针对游戏数据，数据平台可以展示元数据列表和元数据之间的关系，并且支持管理和修改元数据的显示名和自定义的备注信息等，让使用者更清晰地了解数据的来源、内涵及相互之间的关联，以此帮助业务人员深度理解数据，更好地使用数据。

2. 更高效地治理数据，修复缺失与遗漏的埋点数据，实现元数据的统一管理

在实际场景中，难免会遇到前期埋点数据缺失、遗漏等问题。重新埋点不仅成本高，周期也较长，在某些场景下甚至无法实现。此时，可以通过一些技术手段对埋点数据进行转换或修复缺失数据，从而大大提升数据分析的灵活性和便捷性。一般的数据平台都支持从事件和属性两个角度扩展已有数据，并且将扩展后的数据用于数据分析。

在实施埋点时，对许多类似的用户行为可能会作为不同的事件上报，但在实际分析场景中，又需要将这些事件合并为同一个事件，再做数据分析。TE 系统支持虚拟事件，即通过简单的配置，创建自定义的事件列表，当事件列表中的任一事件被触发时，都认为是该虚拟事件被触发。

比如，道具产出可能被记录在"获得道具""购买道具""怪物掉落"等事件中，道具消耗可能被记录在"消耗道具""使用道具""道具过期"等事件中。在这种情况下，如果希望对道具的产出及消耗情况进行分析，则可以使用虚拟事件合并同类数据，在分析时使用虚拟事件即可。

在 TE 系统中，对于已经上报的事件属性和用户属性，可以通过设置虚拟属性或上传维度表属性，将原先上报的数据映射为另一种展示值或计算值。虚拟属性是指通过 SQL 表达式针对已入库的属性字段进行二次计算，得到一个新的属性字段。在实际场景中可以联合多个属性字段进行计算，得到虚拟属性的值。比如，通过计算用户属性中的"注册时间"与事件属性中的"事件时间"的间隔，可以得到以"生命周期天数"为值的虚拟属性。维度表属性以字典的形式扩展已有属性字段，可极大提升数据采集体系的可扩展性。在采集数据时，可能会用渠道号来标识渠道，比如用"A01"代表小米渠道（小米应用商城），用"A02"代表百度渠道（百度手机助手）。如果希望在分析时使用中文，则可以为"渠道"属性创建维度表属性，在维度表中设置渠道号对应的中文名。在进行计算时，就可以直接调用中文渠道名对应的维度表属性，如"A01"，以完成后续相关计算。

3. 掌握数据的使用情况，快速分析数据的变更对其他业务的影响

了解数据的来源、价值和影响，对元数据管理来说极为重要。精准地掌握数据的源头和流向，可以帮助评估数据的重要性和发生变更时的影响面。可以借鉴人类的血缘关系来表示数据的"血缘关系"，更清晰地表达数据的源头，数据间的关联、层级关系，数据最终的应用场景等。

数据的"血缘关系"可以帮助我们追踪数据的来源，及时定位异常数据产生的原因。在游戏数据分析场景中，数据接入的方式非常多，包括从各种类型的客户端接入、从服务端接入，也包括通过数据导入工具导入业务日志，以及通过与第三方平台对接获取数据。不同来源的数据，其质量和稳定性都处在不同的水平，如果数据发生异常，需要及时追溯数据来源，将风险控制在适当水平。

根据数据的"血缘关系"，我们可以更全面地评估数据的价值和影响面。通过血缘关系图，我们可以查看数据的流向、最终某类数据被多少用户使用，以及数据被使用的方式、频次等。缺乏需求方的数据可能是无效数据，可以将其删除以节省成本；如果某类数据的使用频次较低，可能是数据没有被有效地传达给业务人员，需要及时同步相关信息。同时，通过对数据更新的量级、频次等指标的监测，可以从数据量级和数据鲜活度等角度评估数据的价值。

4.4.2　数据质量管理

业务人员结合分析需求，确认需采集的事件、事件属性和用户属性，形成埋点方案；数据开发人员根据确定好的方案实施埋点，及时、准确、完整地上报数据，做好这些工作，才能保证数据质量，得到的数据才有分析的价值。

然而，在实践中，常常出现数据开发人员缺少工具支持，无法及时定位数据问题，或者埋点数据缺失、属性上报类型与计划类型不一致等情况，导致上报的数据无法用于分析。数据需求方在对数据进行分析前，需要了解埋点后获取的数据质量，以保证分析结果的可用性。

数据埋点与数据接入的整个过程不是一次就能够彻底完成的，需要不断新增埋点，只有经过一段时间的使用与优化后，整个数据质量管理体系才能较为完善。

完善的数据质量管理体系一般包含以下模块：

1. 埋点方案管理

埋点方案是需要长期维护的，以保证游戏项目团队在数据口径上的一致性。埋点方案应包括事件名称、事件属性、用户属性、属性类型、属性值限制等。维护和更新埋点方案时，要制定埋点的基础标准，后期新增埋点时可降低团队沟通成本，提升埋点效率。同时，通过权限控制和审批流程，也可以对埋点方案进行规范的流程化管理。最后，埋点方案还可以作为后续设置数据接收规则、验收数据的标准。

2. 数据验收

数据验收是指将埋点方案与系统数据对比，评估数据质量的过程。数据验收分为如下 3 个步骤：

步骤 1：选定数据范围，即确定待验收数据的范围，可以对指定时间、指定渠道的数据进行验收。

步骤 2：确定验收标准。要明确异常值的标准，比如是否需要对空值、非法值严格比对等。

验收标准决定了在验收结果中哪些情况将被标记为异常。

步骤 3：查看验收结果，即当前方案是否已满足需求方的数据分析需求，数据测试阶段的数据上报及使用过程是否正常等。

- 上报数据与埋点方案的全部差异：包括埋点事件是否全部上报、是否有计划外事件（不在埋点方案中的事件）；是否存在属性缺失、计划外属性（不在埋点方案中的属性）、上报属性类型与预期类型不一致的情况。
- 上报属性的空值率和异常值：当属性空值率大于阈值时，将在验收结果中显示异常；对指定字段的取值范围进行设定后，如果出现超出字段范围的值，则同样显示异常。

3. 数据处理规则

数据验收是事后处理的过程，为了更好地保障数据质量，在某些场景下可以设置严格的数据处理规则，在数据处理阶段就排除不符合要求的数据，避免后续产生处理脏数据的成本。一般来说，可以针对埋点方案设置 ETL（Extract-Transform-Load，用来描述将数据从来源端经过抽取、转换，加载至目的端的过程）规则，包括事件规则和属性规则。通过事件规则，可以设定禁用某些事件，此后不再接收该事件的数据；也可以设定不在埋点方案中的事件不允许入库。通过属性规则，可以设置丢弃不在埋点方案中的事件属性/用户属性，当属性类型与埋点方案中的不一致时丢弃该属性。

4. 数据验证

数据质量的问题越早暴露，产生的影响就越小，修复成本也越低。因此，在埋点的实施阶段，数据平台也需要提供相应的功能帮助开发人员尽早发现埋点问题。比如，数据平台可以提供数据验证功能，针对某个具体的设备开启验证模式，逐条比对数据的问题，并展示非法数据及导致数据非法的原因。

5. 数据监控

对整体的数据质量进行监测和管理非常重要。一般数据平台会提供数据上报的功能，统计所需数据及近期数据处理的整体情况，帮助发现数据异常和错误。

4.4.3　数据合规

　　随着大数据技术的发展，数据安全和隐私保护越来越受重视。数据安全涵盖的范围十分广，本节只讨论与个人信息和隐私安全相关的数据合规。2018 年 5 月 25 日，《通用数据保护条例》（ *General Data Protection Regulations*，GDPR）在欧盟成员国内生效，该条例对如何收集、存储和使用个人标识信息，以及如何保护数据免受未授权的访问提出了许多详细要求。它不仅适用于欧盟公司，也适用于在欧盟境内开展业务的任何公司或组织。2020 年 1 月 1 日，美国加州的《加州消费者隐私法案》（ *California Consumer Privacy Act*，CCPA）生效，针对大多数在美国加州开展业务的企业提出了保护用户数据的要求。2021 年，《数据安全法》和《个人信息保护法》也在中国执行，《个人信息保护法》中除规定"在中华人民共和国境内处理自然人个人信息的活动，适用本法"外，还规定了一定的域外适用范围，以此对在境外处理中国境内自然人个人信息的活动加以限制。

　　推进数据合规可以帮助企业避免因违反相关的隐私法规所带来的财务成本，规避因隐私泄露导致用户的信任问题，防控合规风险，实现商业上的可持续发展。数据合规涉及的内容很多，而且各种法规对数据合规有详细的规定。本节不会讨论法规的细节，主要围绕数据安全、隐私保护和跨境传输数据等 3 个核心主题，讨论推进数据合规的思路和方法。

1. 数据安全

　　相关法规都要求企业必须保护个人信息，不仅要针对组织外的访问制订数据安全保护措施，对组织内成员访问数据也需要加以管控。一般来讲，企业推进数据合规有 3 个步骤：

- 确定数据合规和安全管理体系，包括设立数据安全官、制订相关制度、完善安全意识培训等。
- 梳理企业的数据风险，完善数据分级体系，针对不同等级的数据设定不同的数据管理规则。

- 从技术层面落实对数据的保护，对数据采集、传输、存储和使用的整个过程，都需要采取对应的措施，以防止数据被恶意获取和使用。

从技术角度来说，数据保护措施包含以下 3 个层面：

- 提升系统安全保护等级，提供加密传输、防火墙等系统安全防护手段。
- 针对敏感数据采用"透明加密"的措施，只有经过认证的客户端才可以访问相关数据；当客户端读数据时，数据被解密，当客户端写数据时，数据被加密；未经认证的客户端只能看到加密后的数据流，防止文件级别的数据泄露。
- 在业务层面对数据加密和脱敏。数据加密是指在数据收集阶段对相关数据加密，需要解密才能使用这些数据；数据脱敏是指对于不需要使用真实值的数据，进行脱敏传输和存储。

除此之外，在涉及敏感数据的读取和授权等操作时，需要留下读取和授权的关键日志信息用于审计，增强整个数据安全体系的完整性。

2. 隐私保护

隐私保护是当前互联网法规的重点目标。保护用户个人隐私关联数据的这些法规，其核心理念是明确用户对其个人数据的所有权，用户对企业收集和使用其个人数据有知情权，并有权控制企业对其个人数据的使用。相关法规都强调，禁止企业对个人数据的过度使用——既不能过度采集，也需要把对数据的使用限制在一定范围内。在游戏数据分析的场景中，针对个人数据的使用，需要特别关注以下几个方面：

- 知情权：在开始收集用户数据前，需要将计划收集的数据内容及应用场景明确告知用户。如果使用了第三方 SDK 收集数据，需要在总的隐私协议中告知用户，游戏中使用了哪些 SDK，以及每个 SDK 的隐私协议。只有用户同意了对应的隐私协议，企业才可以开始收集数据。
- 拒绝权：除必要情况外，收集用户个人数据不应当作为用户使用服务的前提条件。一般来说，企业应该允许数据主体（用户）拒绝将其个人数据用于特定类型的数据处理。如果用户明确拒绝企业采集个人数据，而且这一选择不影响核心流程，企业应该继续提供服务，同时避免采集该用户的相关数据。

- 删除权/被遗忘权：允许用户删除企业已经收集的个人数据，并且之后其个人数据不再被记录。企业的数据平台应当提供对应的删除用户数据的接口，以及相关的操作记录。

个人数据的收集和保护，应当作为数据采集过程中的重中之重来考虑。如果违反了个人隐私数据的相关法规，不仅游戏可能会被各大应用商店下架，游戏厂商还可能面临着相关机构的处罚。

3. 跨境传输数据

数据不受控制地跨境流动可能会泄露商业机密，甚至可能会泄露国家机密，威胁国家安全。因此，很多法规都对数据的跨境流动进行限制。例如，GDPR 要求对于向欧盟成员国以外的国家传输数据时，必须满足欧盟对该国法律的"充分性认定"。我国的《网络安全法》也对数据存储本地化做了相关规定。目前对于数据跨境传输，不同国家和组织的法规有较大的差异，尚未形成通用的国际规则。尽管如此，企业在处理跨境业务数据时，必须充分考虑相关法规的限制。

对于跨境传输数据的场景，通常可以在全球部署多个接收和存储数据的节点，将用户的明细数据存储在其属地所在的集群中；同时，针对全球数据，通过构建汇总查询的逻辑，将企业关心的核心指标做汇总计算和展示，以提供完整的数据视角。

第5章

构建游戏数据指标体系

第 4 章介绍了数据的采集,那么,如何理解这些数据及展开分析呢?这时就要用到数据指标体系了。高质量的数据指标体系对于衡量业务目标、定位问题与助力业务增长,起到事半功倍的作用。

本章首先介绍游戏数据指标体系,再介绍构建游戏数据指标体系的思路与方法,并以一款虚拟游戏为案例,介绍在测试环节如何构建数据指标体系,最后阐述数据指标体系的深度价值。

5.1 概述

数据指标包括基础指标和复合指标,基础指标能帮助项目人员考察游戏的市场表现,同时保证不同部门在描述业务时有一致的标准,减少沟通成本。在搭建数据指标体系时,除了要选择合适的基础指标,还要对基础指标进行灵活的组合与搭配,形成最匹配游戏的属性和所处阶段的数据指标体系,以便精准地展现游戏的运营状态。本节将详细介绍什么是游戏数据指标体系,在不同的游戏项目中,哪些因素会影响数据指标。

5.1.1　游戏数据指标体系的定义

数据指标（以下简称为"指标"）是指对游戏的业务目标进行精细划分和量化后的度量值，它使得业务目标可描述、可拆解、可度量，主要用来衡量业务表现。其中，基础指标是指可通过计数获得的指标，如 DAU（Daily Active User，日活跃用户数）、PV（Page View，页面浏览量）；复合指标则可由基础指标通过四则运算得到，如付费率（付费人数/活跃人数）、ARPU（Average Revenue Per User，平均每用户收入）。

将一组具有特定含义、反映某一客观事实的指标，按照某种秩序和联系组合起来，形成具备业务参考价值的整体，这个整体即指标体系。要实现全面的游戏数据分析，首先需找到与业务最相关的指标，并基于业务建立指标体系。一般而言，游戏数据指标体系主要受以下业务特征的影响：

1. 行业趋势

行业趋势反映了行业最新的业务发展方向与影响行业走向的关键点。行业趋势的变化，会对指标体系的广度和深度产生持续的影响。近年来，游戏行业发行渠道的集中度越来越高，逐步从增量市场走向存量市场。因此，游戏数据指标体系也要随之从粗放型向细粒度型转变，以衡量及指导更细分的产品/业务环节。

2. 游戏类别

不同媒介、不同品类的游戏，其运营模式差异较大，我们所关注的指标不尽相同，因此构建指标体系时的侧重点也不同。

- 根据媒介类型，游戏可分为端游、手游等，二者的分发渠道与目标受众均有显著差异。比如，手游的指标体系中需要纳入多个应用渠道的数据，端游则不然。
- 根据游戏的内容，游戏可分为 MMORPG（角色扮演游戏）、SLG（策略与战棋类游戏）等。不同品类游戏的变现模式与生命周期不同，比如 MMORPG 更注重与核心战斗、资源获取与养成需求相关的指标。

- 根据游戏的时长，游戏可分为轻度、中度和重度游戏。这些游戏带给用户的体验不同，运营策略不同，相应地，指标体系也有所区别。轻度游戏的指标体系主要围绕核心指标而搭建，对指标精细度的要求没有重度游戏的高。

3. 游戏的生命周期

游戏的生命周期通常包含研发策划、封测内测（一般涉及多轮内测）、公测推广、长线运营等 4 个阶段（如图 5.1 所示），各阶段的业务目标是逐层递进的。游戏数据指标体系必须服务于每一个阶段。

图 5.1　游戏的生命周期

- 研发策划阶段：主要目的在于验证游戏的创意与内容设计，包括产品分析、竞品分析等，测算游戏的成本与收益。
- 封测内测阶段：主要目的在于验证游戏是否已经达到正式上线运营的要求，进一步判断游戏的品质，为后续调配市场资源提供参考。
- 公测推广阶段：主要目的在于放大游戏可覆盖的用户群体，发行团队大规模买量、渠道配合导量，开始正式运营。
- 长线运营阶段：主要目的在于扩大游戏影响力，提高用户黏性，促进游戏内消费。

游戏数据指标体系是为业务服务的，该体系应该系统汇总业务人员关注的数据指标，以指导业务的运营。游戏数据指标体系的特征由游戏的业务特征决定，受游戏的类型、所处的生命周期阶段、业务分工（业务参与人）等因素影响。

5.1.2　常用的游戏数据指标

获取完整、实时的基础指标是对数据进行深入分析的前提，也是每个游戏数据团队的必修课之一。当我们从基础指标中清晰地获知游戏当前的状态时，游戏数据才算发挥了作用。

表 5.1 列举了一些游戏运营中常用的指标。

表 5.1　游戏运营中常用的指标

指　　标	释　　义
DAU（Daily Active Users）	日活跃用户数
MAU（Monthly Active Users）	月活跃用户数
DNU（Day New Users）	当日新增用户数
ACU（Average Concurrent Users）	平均同时在线用户数
CCU（Concurrent Users）	同时在线用户数
PCU（Peak Concurrent Users）	最高同时在线用户数
CPM（Cost Per Mille）	每千次广告展示量的成本
eCPM（Effective Cost Per Mille）	有效的千人成本（千次广告展示量实际产生的成本）
PUR（Paid Users Rate）	付费渗透率
ARPU（Average Revenue Per User）	平均每用户收入
ARPPU（Average Revenue Per Paying User）	日均付费用户平均每用户收入
LTV（Life Time Value）	用户生命周期价值
ROI（Return On Investment）	投资回报率
ROAS（Return On Advertising Spend）	广告支出回报率

除了常见的指标，游戏数据团队也会定义各自的特色指标。特色指标往往以复合指标为主，例如 DAU/MAU，不同的数据结果反映的是不同的趋势。

- DAU/MAU 与 DAU 均上升：表明运营活动/版本变动唤醒了部分沉睡用户，但新增用户较少。
- DAU/MAU 上升，DAU 下降：表明非忠实用户的流失增加，游戏没能满足这部分用户的需求。
- DAU/MAU 与 DAU 均下降：表明游戏的核心玩法出现问题，也可能因为存在竞品等因素干扰。
- DAU/MAU 下降，DAU 上升：表明新增用户增加，但活跃度缺乏持续性，用户流失率较高。

在上述的第 2 种情况中，MAU 下降，但 DAU 下降不明显，说明每日的核心用户数是稳定的，MAU 下降的原因极有可能是非忠实的用户流失。

常用的复合指标及其计算方法如表 5.2 所示。

表 5.2　常用的复合指标及其计算方法

复合指标	计算方法
激活率	激活用户数÷安装用户数
付费率	付费用户数÷活跃用户数
次日留存率	第 1 天的新增用户在第 2 天登录过的人数÷第 1 天新增用户数
7 日留存率	第 1 天的新增用户在第 7 天登录过的人数÷第 1 天新增用户数
APRU	总收入÷活跃用户数
ARPPU	总收入÷付费用户数
LTV	平均每用户收入÷生命周期
ROI	(总收入−投入成本)÷投入成本
ROAS	总收入÷广告支出

这些常用的指标能够帮助我们快速完成数据分析，但仅仅依靠常用指标并不能实现数据驱动决策，我们还需要建立更完整、更灵活的指标体系。

5.2　构建游戏数据指标体系的方法及案例

构建游戏数据指标体系是个系统性工作，采用科学的构建思路和方法将事半功倍。需要注意的是，游戏的类型、所处的生命周期阶段及运营方式等存在差异，最终的数据指标体系也会有所差别。本节将介绍构建游戏数据指标体系（下文简称为"指标体系"）的常用方法，并以一款虚拟游戏为例分步骤讲解。

5.2.1 指标体系应遵循的三大原则

合理的指标体系应符合目的性、系统性和实用性三大原则。

1. 目的性

建立指标体系的目的之一就是客观、准确地反映业务状况，提供可用的决策信息，所以选取的指标必须能推动业务决策。如何判断哪些指标与业务重大决策相关呢？可以借助"北极星指标"来定位业务的目标，5.2.2 节会详细介绍。

2. 系统性

指标体系中的指标应该多角度、多层次地完整反映业务发展状况，能解释业务现状，不重复、不遗漏。为了保证指标体系的系统性，通常会使用 OSM 模型。

3. 实用性

实用性包括两层含义：一方面，指标要有明确的含义和指向，应具有可操作性（指可通过采集的数据计算出来，在实际中易于操作，切实可行）；另一方面，指标应具有可比性，让指标发挥价值的最基础的方式就是对比与观察。对指标的设置，要尽量保证横向和纵向的可比性。形成比较完善的指标搭建思路后，还需要结合 OSM 模型对指标分级，使其更符合实际的需求。

5.2.2 构建指标体系的方法

构建指标体系，就是明确目标，发现问题，探索原因，开始执行，再进行总结，是一个不断迭代的过程。首先，明确业务目标，遵循目的性原则，找到与游戏业务最相关的北极星指标。其次，利用 OSM 模型来确定用于衡量业务策略效果的指标。最后，将基于 OSM 模型确定的指标，再进一步拆解为二级、三级指标。

1. 找到最相关的北极星指标

北极星指标是对产品价值的深度理解和提炼，是产品最关键的指标。近年来，北极星指标也逐渐成为游戏团队指导业务发展的重要指标。北极星指标使游戏团队更聚焦于某一特定目标，避免在一些日常事务上浪费时间。可以根据某一指标是否能够推动游戏业务发展，来确定其是否为北极星指标。

那么，应该如何选取北极星指标？生命周期较短的游戏，可能会把收入作为北极星指标；长线运营的游戏，需要衡量用户需求与游戏目标之间关系。持续为用户提供价值是游戏的核心目标，北极星指标需要让游戏的核心价值得到最大程度的体现，比如长线运营的休闲类游戏会将用户每日平均在线时长作为其北极星指标。大型游戏一般具有复杂的生态系统，需要所有的系统配合才能良好运转，用公司级的北极星指标覆盖所有的业务目标很容易使指标僵化，失去对业务的实际指导意义，因此可将选取北极星指标的逻辑应用于战术层级。对于单个游戏项目，应该在公司最高战略目标的统一指导下，将业务整体目标拆解为每个业务环节的北极星指标。

北极星指标指引游戏项目的发展方向。对于北极星指标的具体选择，可以参考以下几个标准：

- 是否反映了游戏为用户带来的核心价值？
- 是否符合游戏生命周期？
- 是否可以指导业务行动？
- 是否容易被团队理解，并得到团队的认可？

北极星指标的确立是一个不断优化的过程，需要根据游戏的发展阶段适时调整。在游戏产品的不同生命周期阶段，关注的业务重点不同，选择的北极星指标也不同。比如，在产品探索期，更注重验证游戏题材或玩法与市场的契合度，提升各个环节的转化率；在产品成熟期，主要目标是通过各种策略提高用户活跃度，保证留存率，确保付费用户转化率。以产品成熟期为例，关注的业务重点是用户的活跃情况，那么此时的北极星指标就可以是日/周/月用户活跃率。

2. 利用 OSM 模型确定用于衡量业务策略效果的指标

OSM 模型（Objective 代表目标，Strategy 代表策略，Measurement 代表度量）也是一个分析框架，其基本思想是通过定义目标，确定达成目标所需采取的策略，由此确定衡量策略效果的指标，如图 5.3 所示。根据 OSM 模型，将目标拆解为可执行和可度量的行为，从而保证行动方向与目标和策略的一致性。

图 5.2 OSM 模型

- 定义目标：这里的目标可以是游戏项目团队的目标或具体的游戏业务目标，可参照选取北极星指标的思路进行定义。厘清目标可以确保后续拆解的业务目标符合业务核心价值。
- 制订策略：确定目标之后，可根据自身经验、市场调研结果等制订对应的业务策略。
- 明确度量：指通过适合的量化数值对策略的有效性进行评估。

举个例子，某手游的业务目标为"最大化活跃用户量，增加用户的日在线时长"。其业务流程主要分为投放、注册、体验三个阶段，业务人员根据这三个阶段制订了业务策略："优化新增用户流程，提升新增用户转化率""增加游戏内激励""提升段位外显曝光"等。

为了衡量策略的有效性，可以对业务过程进行度量拆解。比如，在衡量"优化新增用户流程，提升新增用户转化率"策略时，可拆解新增用户转化率的流程关键节点，评估其阶段转化率和整体转化率，得到衡量该策略的一系列具体指标。

3. 指标分级

指标分级是指根据游戏项目的战略与业务策略，对指标进行的自上而下的分级。在分级过程中，可结合 OSM 模型来确定指标。指标一般可分为三级，如图 5.3 所示，依次从公司战略层面、业务部门策略层面、业务执行层面考虑。

第一级指标（T1）是公司战略层面指标，用于衡量公司整体战略目标的达成情况。这类指标与业务紧密结合，通常有可参考的行业标准，对公司全员具有核心指导意义。

第二级指标（T2）是业务部门策略指标，是为实现公司战略层面指标，将目标拆解到业务部门后确立的指标，反映了业务部门对公司战略目标的支持度，而且第二级指标也是业务部门的核心指标。

第三级指标（T3）是业务执行层指标，是拆解业务部门策略指标后确立的指标，通常为过程性指标，用于指导一线人员开展工作。

| T1：公司战略层面指标 | T2：业务部门策略指标 | T3：业务执行层指标 |

图 5.3　指标分级方法图示

5.2.3　案例：构建棋牌游戏的指标体系

本节以棋牌游戏为例介绍如何搭建指标体系。棋牌游戏的核心玩法十分固定，几乎无法修改，同时也较难从感官上带给用户更多刺激。因此，棋牌游戏运营的成败，主要在于指标体系的合理性和对数据分析质量的把控。

前面讲过，在游戏生命周期的不同阶段，运营的目标各有不同，应结合游戏的生命周期阶段和业务目标来设计指标体系。我们将棋牌游戏分为三个阶段：测试期、推广期、平台期，下面依次介绍每个阶段重点关注的指标。

1. 测试期

测试期的目标为测试游戏的稳定性、可玩性和交互性，了解用户对游戏的兴趣程度和初始的用户留存情况，并据此调整市场策略，达到预热的效果。根据测试期的目标，可以将棋牌游戏在此阶段的指标拆解为以下两大类。

（1）目标用户画像数据。

棋牌游戏具有非常明显的地域特征，比如特定玩法的棋牌游戏，其受众的地域也相对固定。此外，棋牌游戏用户的特征与其他游戏用户的大有不同，因此不能单纯地沿用其他游戏的运营经验，需要在测试期深入研究用户画像数据，摸清目标用户的特征。比较核心的用户画像数据有：

- 用户常用的终端设备。
- 用户使用 App 的时间段分布。
- 用户的性别比例、年龄、地域分布等。

这些数据能够直观反映用户的游戏习惯、付费能力等，对游戏玩法、运营活动及推广策略的制订有决定性的作用。

（2）游戏测试期核心数据。

由于游戏尚处于测试期，用户的数量有限，游戏厂商与渠道的合作也还未展开，故而该阶段指标的核心价值是指导游戏玩法及数值的调优。在棋牌游戏中，调优的核心在于构建贴近用户心理的比赛模式，以及设置具有吸引力的奖励。

在测试期，除留存率、付费率等指标外，棋牌游戏还需关注用户在新手期的表现及其对比赛模式的偏好。另外，由于棋牌游戏难以带给用户强烈的感官体验或角色养成上的成就感，因此更需要通过资源盈亏与比赛节奏的设计，给用户持续的刺激。胜负率、付费率、在线时长等是棋牌游戏在测试期所关注指标的重中之重。

2. 推广期

测试期的主要目的是验证用户对游戏玩法及核心数值设计的接受度。而进入推广期后，除了持续打磨游戏产品，还应该注重渠道推广情况及用户的增长。通过与行业标杆产品的对比，判断自家产品是否处于健康状态。针对"让产品处于健康状态"这一业务目标，我们可以利用 OSM 模型制订业务策略：提升用户活跃度、留存率、付费率，降低用户流失率等。通过对策略实现过程的度量进行拆解，可得到衡量该策略的一系列指标：

- 活跃用户的数量及活跃度。
- 用户留存情况（次日留存率、7 日留存率、月留存率）。
- 用户付费情况（ARPU、LTV）。
- 流失用户数量及其流失时所处的节点。

通过对上述指标数据的分析，可以评估游戏的状态，进而对游戏进行优化与迭代，以及调整推广渠道的权重，最大化游戏推广的投入产出比。

3. 平台期

平台期即所谓的稳定期，在这一阶段用户增速开始放缓，核心业务目标是追求游戏商业价值的最大化。这里，我们可以把商业价值简单理解为营收额，用一个公式来表达就是：

$$活跃用户数 \times 活跃用户平均收入 \ = \ 营收额$$

可以看出，如果想提升游戏的营收额，应重点关注活跃用户数和活跃用户平均收入这两个参数对应的指标。比如：

- 日活跃用户数量（DAU）
- 付费转化率
- 每用户平均收入（ARPU）

相对于其他游戏，棋牌游戏的付费是显性的，用户非常清楚付费的意义，对于是否付费也不会过于纠结，因此棋牌游戏最需要关注的数据是用户的留存情况。当用户在游戏中持续活跃并形成一定效应后，自然而然就会产生付费行为。

5.3　指标体系的深度价值

本节探讨指标体系的深度价值。业务人员可以搭建指标看板，实时监控游戏的状态，并基于指标体系构建业务预警系统，避免游戏生态向不可控的方向发展。

5.3.1　搭建指标看板，监控游戏健康状态

建立指标体系后，就可以搭建指标看板，实时监控指标。指标看板是数据可视化的载体，能呈现当前业务、运营及管理相关的数据和图表。通过合理的页面布局与设计，指标看板将指标直观、形象地展现出来，方便游戏项目团队实时了解业务发展情况，依据数据变化做决策。

搭建指标看板时，可以遵循"为谁（目标用户），实现怎样的目标（业务指标），需提供什么服务"的思路。

- 目标用户：指标看板是为游戏运营服务的，而游戏的运营需要多个部门（角色）互相配合，这些部门都需要使用指标看板，所以搭建指标看板时要考虑不同部门的需求。比如，面向游戏团队高层的指标看板，一般仅展示核心数据，不需要使用复杂的图表。中层管理者（如游戏项目负责人、策划等）更关注业务的执行过程，提供给他们的指标看板上需要使用趋势图或分布图展示数据的变化或分布。游戏项目的业务人员则一般关注业务细节，指标看板上显示的基本上都是业务指标，如各渠道的新增用户数、礼包购买情况、用户参与竞技场的情况等。
- 实现的目标：指标看板要帮助游戏项目团队第一时间了解业务现状，从已有的业务指标数据中洞察问题或发现新的机会，进行业务迭代。
- 提供的服务：指标看板必须面向业务，分析的结果需要与业务强相关。

此外，在确定看板上指标的组织方式后，还应为指标选择合适的展现形式，即可视化图表的类型。合适的图表类型能充分、完整地呈现信息，突出重点。根据图表的特性，可将其分为比较类、占比类、趋势类、分布类等类型。

- 比较类：柱状图、条形图、雷达图等。
- 占比类：饼图、面积图、仪表盘等。
- 趋势类：折线图、柱状图、面积图等。
- 分布类：散点图、气泡图、热力图、地图、漏斗图等。

5.3.2　进行业务预警，避免游戏运营事故

数据分析的业务应用场景大致可以分为三类：事前预测、事中监控及事后评估。业务预警则是事前预测场景中最具代表性的一种，即通过对关键指标的数值变化设置预警阈值，及时发现游戏运营中的问题，避免事故的发生。

对业务人员来说，在游戏不同生命周期阶段需要关注的指标很多，可能无法兼顾，因此业务预警很有必要。相比于由数据分析人员通过主动查看指标看板，或对指标数据进行多维度钻取分析来发现问题，基于指标体系建立业务指标预警系统，能随时获知业务的运行状态，一旦对用户或业务有重大影响的关键指标发生变化，相关岗位人员能第一时间收到推送的消息，以便及时应对，避免对业务产生负面影响。

构建业务指标预警系统时，有两个关键点：一是确定需要关注的指标，二是定义指标的异常值。比如，竞技类游戏的玩法注重公平性，运营人员需要特别关注用户在游戏内获取资源的情况。当前单款游戏的生命周期越来越长，游戏的运营工作往往决定了一款游戏最终能走多远。有了实时的业务指标预警系统，游戏厂商能及时发现问题，减轻运营事故对游戏的负面影响。

在定义指标的异常值时，可结合历史数据的变化趋势、周期性等情况，计算出指标的数值预测区间，可选择当指标数值"高于预测值上限"或"低于预测值下限"时触发预警。通过比较指标的实际值和预测值，判定其是否异常。

除针对用户聚合数据的预警，常见的业务预警还有针对异常用户的预警。异常用户预警一般是针对用户个体的。在很多游戏中，单个用户的指标数值出现异常，并不会使整个游戏或者游戏中某一服务器的某项指标数值产生较大变化，但可能对整个游戏的生态造成不良影响。举个例子，在一个平均 DAU 为 10 000 的服务器上，某用户通过一些异常手段获取了百倍于正常情况下能获取的金币数。从"服务器金币产出"这一指标的角度来说，该用户的行为只会造成指标 1%的波动，往往会被视为正常的周期性波动。但是，这对于这个服务器上的用户却有很大影响，使得付费用户的体验变差，短期内游戏中物价发生波动，甚至导致这种获取金币的异常手段大范围传播，推动游戏生态往不可预期的方向发展。

针对异常用户的预警，和游戏品类有着直接关联。不存在固定的预警指标，一般来说，可以从以下几个角度尝试构建预警指标：

（1）货币资源：大部分的中重度游戏都有货币体系，以及和成长线相关的资源体系，而两者都能够为用户在游戏内外带来巨大收益。因此，可以通过查看游戏中的货币资源覆盖用户等级的情况，观察用户获取的货币资源量与其所处的游戏阶段或等级是否匹配。

（2）玩法功能：用户在游戏中大部分的时间都花在各种玩法上，并且玩法也是货币及资源主要的产出渠道。有很多工作室会寻找游戏中可重复的关卡及资源产出可观的关卡反复玩，以获取不当收益。因此，可以构建关于玩法游玩次数的预警指标，并且设置正常用户对此玩法的游玩次数作为阈值，筛选出异常用户，对其进行有效管控。

（3）聊天内容：越来越多的重度游戏都希望为用户营造一个和谐的沟通环境，这样不仅能够帮助用户推进其在游戏中各个玩法的关卡进度，还能够增加用户的社交深度，增加用户黏性。可以通过对游戏中的聊天内容设定预警指标，比如当内容中出现某些关键词时，自动对内容实时脱敏，或对发言"异常"的用户进行封号管控，以维护和谐的游戏社交生态。

5.4 总结

构建数据指标体系是为了让游戏运营人员更直观地了解游戏的运营状态，让分析师更敏捷地开展数据分析工作，让原本庞杂的数据变得有章可循。本章从游戏行业的特点出发，介绍了构建游戏数据指标体系的方法，并通过棋牌游戏案例介绍了指标体系的构建步骤。建议各位读者先了解常规的构建思路，再结合自身的业务特点选择合适的方法，形成整体的构建思路。

第6章

游戏数据专题分析

第 5 章阐述了完善的数据指标体系能够帮助项目团队了解游戏的真实运营状态,做出正确的决策,从而实现数据驱动业务。那么,在实际操作中如何利用指标体系进行数据分析,改善游戏的市场表现呢?本章将介绍游戏数据专题分析,并以几个案例介绍如何利用专题分析帮助游戏项目实现业务增长。

6.1　概述

作为一种产品,游戏的核心目标是获得用户的认可,以提升留存率和付费率。游戏运营团队除了为用户呈现优秀的作品外,还需要保证游戏的营收持续健康增长。游戏数据专题分析是运营团队做决策的抓手,团队通过数据分析完成对游戏的调优,让游戏朝着更健康、更稳定的方向发展。本节主要介绍游戏数据专题分析的定义和类型,以及不同类型的专题分析对于游戏的价值。

6.1.1　游戏数据专题分析的定义

国内游戏市场经历了早期相对粗犷的增长阶段之后，如今精品游戏已经成为各厂商在市场竞争中脱颖而出的核心。在从注重广告投放、买量、上线后快速回本，到注重用户留存率、运营、长线回报的转变过程中，游戏厂商们纷纷将关注点转移到游戏的长线运营与游戏系统的持续优化上。游戏数据分析逐渐分化为以数据分析技术为主导的探索性分析和以业务为主导的专题分析。

游戏数据专题分析主要指游戏项目人员利用指标体系，结合项目中的业务需求完成的数据分析。完成游戏数据的采集工作后，当有新的业务分析需求时，游戏项目团队就可以灵活地抓取本次分析所需的数据，快速实时地完成分析。因为对于游戏运营方来说，利用数据分析实时监测游戏运营状态尤其重要。在法规允许的前提下，对用户信息掌握得越多，就越有可能将吸引用户的游戏推向市场，或者提供该类型游戏的新玩法来吸引更多新用户。有了完善的用户行为数据作为依据，游戏项目团队不仅能从用户的行为反馈中获取有效信息，还能利用这些数据优化玩法与活动的设计，评估游戏玩法与活动上线后的效果。

游戏数据专题分析直观地反映了用户对游戏内容的接受度，为游戏的调优提供了依据，使其朝着精品化的方向发展，获得更多用户的喜爱。

6.1.2　游戏数据专题分析的类型

游戏的精品化、长线运营逐渐成为主流，游戏数据专题分析的精细度也在不断提升，主要包括如下三大类型：

- 调优型专题分析：关注如何调优。
- 设计型专题分析：关注如何设计新活动与策划游戏新版本内容。
- 评估型专题分析：评估活动与游戏新版本上线后的效果。

调优型专题分析在游戏的全生命周期都适用，是探索游戏可优化的点的过程，其目的在于延长游戏的生命周期，属于最基础的游戏数据专题分析。设计型专题分析针对的是游戏中的新玩法、新活动等创新性内容，帮助这些创新性内容在上线后取得优异的成绩。评估型专题分析主要针对已上线的游戏玩法、活动等内容，利用数据分析评估玩法与活动的效果，为后续同类型工作提供经验。

6.2~6.4 节将分别简要介绍这三种类型的游戏专题分析，并给出案例。

6.2 调优型专题分析

由于游戏人口红利逐渐消失，大厂入局加剧行业竞争，国家对游戏行业的监管越来越严格，游戏厂商纷纷着力于提升游戏的品质，延长游戏生命周期。这不仅意味着对游戏研发的要求更高，还意味着在运营阶段仍旧要对游戏持续调优，以提升其在市场上的竞争力。调优型数据专题分析的目的就是运用数据分析帮助运营人员明确用户的行为路径，获取调优线索，达成调优目标。

6.2.1 调优型专题分析的内容

调优是延长游戏生命周期最常用的方式之一。越是高质量的游戏，调优的次数也越多。因此，以发掘游戏中可优化的点作为分析目标的调优型专题分析，也是分析师的一项常规工作。

调优型专题分析往往以关键指标或者北极星指标作为调优的目标，例如新增用户数、付费率、留存率等指标，通过下钻或者寻找关联指标的方式来获取更多调优线索。要顺利完成调优型专题分析，既需要依靠数据指标体系获取调优的关键指标，也离不开灵活高效的分析平台和先进的分析方法，它们对于寻找调优线索很重要。6.2.2 节将基于一个场景案例，还原分析师寻找调优方法的全过程，介绍如何进行调优型专题分析。

6.2.2 案例：优化次日留存率

本案例来自于一款 ARPG 游戏，分析师在查看用户留存率指标时，发现次日留存率不佳。基于这一核心指标的问题，他展开了优化次日留存率的调优型专题分析。

分析师从次日留存率指标出发，首先想分析的是用户在注册首日的游玩情况，或许能从中找出用户第二天没有继续游玩的原因，因此他选取游戏首日驻留的用户等级分布情况作为接下来分析的重点。

图 6.1 展示了用户首日驻留等级的分布情况，横轴代表用户在游玩首日最终达到的等级，纵轴代表达到该等级的用户数。

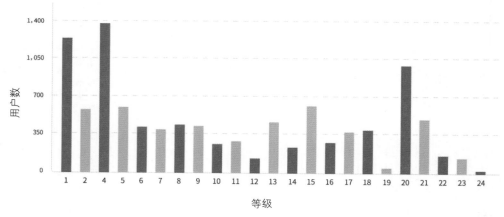

图 6.1　某 ARPG 游戏用户首日驻留等级分布

通过观察，分析师发现用户驻留等级分布情况与其以往的经验相悖。通常情况下，用户驻留等级分布的整体趋势应该是前期陡峭下跌，后期逐渐平缓。而在图 6.1 中可以看出，该游戏的用户首日驻留等级分布起伏较大，出现了多个明显反常的波动点，可以将其总结为以下 3 个数据问题：

问题 1：在 3 级完全没有用户驻留，而在 4 级驻留的用户却很多，几乎与在 1 级驻留的用户持平，比在 2 级驻留的用户要多出不少。在 19 级前后也有类似的情况，在 20 级驻留的用户很多，而在 19 级几乎没有用户驻留。

问题 2：在 10~20 级，12 级、14 级的驻留用户数明显要少于其前后两个级别的用户数。

问题 3：在 21 级后，驻留用户数呈现断崖式下跌。

发现了这么多问题，看起来用户驻留等级是一个很好的切入点。接下来，从这些存在问题的等级入手，对用户当时的状态进行剖析和复盘，就可以找到让用户驻留等级分布变得更为平坦的方法，从而提升次日留存率。于是，顺着这个思路，分析师从业务角度对异常的等级段进行解读。

首先来看问题 1，也就是在 3 级没有驻留用户而在 4 级驻留的用户却很多的问题。分析师回顾了游戏的新手引导，发现用户到达 2 级之后完成教学关卡就会获得大量经验值，导致用户直接从 2 级升到 4 级，正常情况下不会存在 3 级的用户。因此，可以认为 4 级实际上汇集了两个等级的用户，所以有更多用户驻留。从数据上来看，4 级的驻留用户数相当于 2 级和 5 级的两倍，也从侧面反映出 4 级的高驻留率是由于两个等级的用户聚集造成的。同样，对 19 级用户的游玩状态进行回顾，也发现 18 级用户可以从完成的日常任务中获得大量经验值，从而直接升至 20 级。

接下来是问题 2，也就是 12 级与 14 级的驻留用户数反常波动的问题。从玩法设计上来看，游戏在 12 级与 14 级分别开启了两个经验关卡，用户在游玩这些关卡且首次通关后，将会得到大量的"经验丹"奖励。使用这些道具（经验丹）可以获取大量的经验值，使用户能够直接从 12 级与 14 级升到下一等级。进一步分析各个等级的用户驻留时长，可以发现大部分用户在 12 和 14 级停留了 3 分钟左右，而在 13 和 15 级停留了 10 分钟左右。结合两组数据，可以认为"经验丹"加快了用户在这两个等级的升级进度，在这两个等级驻留的用户自然就更少。

最后是问题 3，也就是从 21 级到 22 级驻留用户数发生断崖式下跌的问题。众所周知，ARPG 游戏大多会引入体力值机制，用户在游玩时需要消耗游戏内的体力值，而每日能获取的体力值有一个上限，这就限制了用户的游玩进度，确保了所有用户在某一天的通关副本量或者资源获取情况在一个区间范围内。而在这款 ARPG 游戏中，未充值的用户在第一天所能获得的体力值只够升到 21 级。当然，用户可以通过充值获取更多的体力值，从而完成更多的副本攻略，提升更多的等级。这也就是为什么 21 级与 22 级的驻留用户数如此悬殊，实际上，可以认为这是付费与非付费用户的"分水岭"。

从业务角度解读这三个数据问题后，可以发现，尽管表面上看来指标存在异常，但这些"异常"其实是符合游戏逻辑的，是游戏设计的必然结果。在发掘调优线索的过程中，出现类似的反转是很正常的。此时，分析师需要基于之前的逻辑链路重新寻找切入点，或者调整当前的分析思路。因此接下来，分析师转变分析思路，既然希望解决次日留存率低的问题，不妨反过来，从留存的用户入手，观察驻留于不同等级的用户在后续时间段的留存情况。

在 TE 系统中，以首日驻留等级作为分组项，计算用户的次日留存率。结果如图 6.2 所示，图中横坐标仍然是用户的首日驻留等级，而纵坐标为该等级下的用户次日留存率。可以看出，次日留存率基本随首日驻留等级同步递增。这是符合直觉的，通常情况下新用户首日在游戏中玩得越多、等级越高，第二天继续玩的概率也越大。其中值得关注的是 16 级与 20 级，这两个等级的次日留存率相对于其前一个等级（即 15 级与 19 级）有非常明显的提升。和之前的分析流程一样，从数据中获得线索后，还需要从业务角度进行解读。

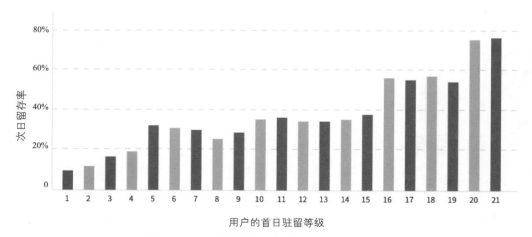

图 6.2　用户首日驻留等级与各等级用户的次日留存率

接下来，分析师回顾用户在 16 级与 20 级的游玩体验，发现在 16 级竞技场玩法就会被解锁，而到 20 级公会玩法也被解锁了。这两个玩法都属于 PVP 玩法，也就是用户之间进行合作、对抗的一系列玩法。对于 ARPG 游戏而言，PVP 往往是最吸引用户的一种玩法。这些玩法带来了更为新奇、更符合预期的体验，用户自然也就更容易留下来。

基于这一发现，业务人员决定了调优的方案——将这两个玩法的解锁等级提前，使用户更早体验到这些具有吸引力的玩法。从严格意义上说，确定调优方案后，游戏的调优型专题分析也就告一段落了。但是，如前文所述，实施游戏决策后，还需要评估其效果。在调优内容上线后，要通过指标来验证调优是否有效，是否还需要进一步调优。

在调优内容上线一周后，分析师比对了调优前后的次日留存率，发现调优后的次日留存率相比之前上升了 10%。这是一个比较明显的提升，验证了调优是有效的。

从以上流程可以看出，调优型专题分析是一个不断试错、不断探索的过程。得益于 TE 系统灵活高效的特性，分析师在思考数据指标背后的业务含义后可以随时调整自己的分析思路，更容易找到调优线索。

6.3　设计型专题分析

在游戏的长线运营过程中，为了给用户带来新鲜的体验，游戏运营部门还会设计游戏的新版本与新活动。运用数据分析改善上述游戏设计的效果，即设计型专题分析。

6.3.1　设计型专题分析的内容

除了对游戏已有的内容进行调优，另一个延长游戏生命周期的重要方法，就是推出新内容。但打造新内容，除了需要投入极多的资源，往往也意味着团队将面对许多未知的挑战。比如，新的玩法是否被用户接受？新的版本能否带来更多新用户？通过设计型专题分析，运营人员能获得设计游戏的新版本或新活动的线索。设计型专题分析的核心，就是基于客观的数据分析结论，使新内容符合用户预期，帮助游戏获得更优异的业绩。

6.3.2 节将介绍一个卡牌游戏的活动设计案例，在该案例中运营人员希望通过一场累计充值的活动增加游戏的收入，因此针对累计充值活动的设计进行了专题分析。

6.3.2　案例：设计累计充值活动

由于累计充值（下文简称为"累充"）是一种常见的运营活动，不少游戏运营人员在设计这类活动时，可能首先想到的是参考同类竞品的活动设计方案，再基于已有方案横向迁移，设计自家游戏的累充活动。但是，不同游戏所处的运营阶段、拥有的用户群体不同，这就导致用户群体的付费能力、游玩习惯、游戏资源的价值等方面都存在差异，直接照搬别人的活动设计方案，很容易出现"水土不服"的情况。比如，处于生命周期中后期与处于初期的卡牌游戏，二者的稀有卡牌的价值会有很大差异。如果采用同样的活动方案，效果肯定会有很大差别。

无论是否借鉴其他游戏的活动方案，运营人员都需要从自家游戏出发，分析与活动有关的指标数据，设计出适合自家游戏的活动方案。比如，设计累充活动方案时需要考虑两个核心问题：一是如何设计充值档位，用户累充金额达到多少能获得一个奖励；二是每个充值档位发放什么奖励，如何做到发出的奖励既能够吸引用户参与，又不至于折损奖励的价值。为了解决这两个问题，需要分析当前游戏中用户的付费能力，以及不同付费能力的用户的主要需求。

首先，针对当前用户群体的付费能力，使用 TE 系统中的分布分析模型，计算出付费用户近 7 日付费金额的分布情况。由于累充活动的持续时间也是一周，因此计算 7 日的付费数据基本上能反映用户在活动期间的付费能力。结果如表 6.1 所示。

表 6.1　用户近 7 日付费金额的分布及占比情况

近 7 日付费金额（元）	人数分布	人数占比
(0, 300)	5781	73.73%
[300, 600)	1255	16.01%
[600, 900)	470	5.99%
[900, 1200)	235	3%
[1200, 1500)	64	0.82%
[1500, 1800)	25	0.32%
[1800, 2100)	9	0.11%
[2100, 2400)	2	0.03%

根据表 6.1 所展示的数据，可以发现绝大多数的付费用户近 7 日的付费金额在 600 元以下，这部分用户占付费用户的 90%左右，而付费金额高于 1200 元的用户仅占 1%左右。基于这组数据，可以得出以下结论：累充活动的充值金额最高档位不宜过高，避免激起用户对"游戏氪金"的反感，形成反面效果；在 600 元以下可以设置更多档位，比如设置 6 元、30 元等金额较低的档位，推动"破冰付费"，使用户形成持续付费的习惯。

下一步，了解各付费金额区间用户的需求。众所周知，不同付费能力的用户，对游戏的实际需求完全不同。付费较少的用户，手中的卡牌阵容可能尚不齐全，如果获得一张全新的高品质卡牌后，其战力往往能得到极大提升。付费较多的用户，由于其手中卡牌阵容齐整，因此更关注核心卡牌的强度；此外，他们还可能有一些心理层面的需求，比如收藏需求，而且对卡牌外观的美术设计也可能有需求。所以，对不同付费能力的用户要分别分析，而用户分层就是一个非常合适的分析方法。

使用 TE 系统中的用户分层功能，分析师可以将不同付费金额区间的用户分成一个个小的用户群体，对每个用户群体都可以进行单独的分析。比如，对于近 7 日内付费总额在 600 元以下的用户群体，就可以分析他们拥有的卡牌情况，在这些群体中哪些卡牌的保有量较低；而对于近 7 日内付费总额在 600 元以上的用户群体，通过分析他们近期的钻石消耗情况，可推测出其实际需求。

分析结果表明，近 7 日付费金额在 600 元以下的用户拥有的卡牌总数较少且整体的强度不足，主要的卡牌阵容是 SR 卡牌搭配少量 SSR 卡牌。对这些用户而言，提升战力最合适的方式就是获得强力的 SR 卡牌以提升星级，或者得到更多的 SSR 卡牌以补齐阵容。付费金额区间为[600, 1200)的用户，手中的卡牌主要以全 SSR 卡牌为主，那么其主要需求就是获得更多 SSR 卡牌来提升星级。付费金额在 1200 元及以上的用户，手中的卡牌阵容基本成型，其钻石主要花费在诸如购买装备、补齐特定的卡牌阵容、增强技能等深度养成线上，所以一般的卡牌很难吸引这类用户。不同付费金额区间用户的需求预期如表 6.2 所示。

表 6.2　不同付费金额区间用户的需求预期

近 7 日付费金额（元）	需求预期
(0, 300)	SR 卡牌
[300, 600)	SR 卡牌
[600, 900)	SSR 卡牌
[900, 1200)	SSR 卡牌
[1200, 1500)	升级素材
[1500, 1800)	升阶素材

综合两次分析的结论，运营人员设计了如表 6.3 所示的累充活动。

表 6.3　累充金额档位与奖励

活动期间累冲金额（元）	可获得的卡牌
6	关平（SR 卡牌）
30	张星彩（SR 卡牌）
188	孙权（SSR 卡牌）
388	黄忠（战力强的 SSR 卡牌）
648	关羽（战力强的 SSR 卡牌）
1888	神赵云（限定 SSR 卡牌）

累充金额最低档位为 6 元，充值 6 元与 30 元都赠送 SR 卡牌，吸引用户破冰付费。累充金额达到 188 元赠送的是保有度较高的 SSR 卡牌，此处选择的是游戏在 7 日签到活动时就会赠送的 SSR 卡牌，基本上每个用户都能获得，若再次获得该卡牌则可以提升星级，大幅提升用户的战力。累充金额达到 388 元和 648 元，则赠送保有量较低、战力较强的 SSR 卡牌，这个奖励对于缺少这些英雄卡牌的用户会非常有吸引力。而累充金额的最高档位为 1888 元，奖励是限定 SSR 卡牌，对付费能力较强的用户而言，这种卡牌既可以进一步增强其战力，也能满足其对独特奖励的偏好。

在本案例中，TE 系统的用户分层功能提供了较细粒度的分析精度（能精确到特定用户群体），极大地拓展了分析师的分析思路。借助这一工具，分析师可以了解不同用户群体的游玩习性，以便运营团队有针对性地设计活动。后续章节将介绍用户分层功能的更多应用。

6.4　评估型专题分析

评估型专题分析对活动和玩法进行评估，验证活动及玩法上线后的效果，为提升游戏整体质量、增加用户数量等提供可靠依据。

6.4.1　评估型专题分析的内容

无论是调优游戏玩法，还是推出创新的运营活动，这些游戏内容上线后，都需要再次分析，评估它们的效果。许多运营人员、分析师都撰写过活动评估报告或者版本评估报告，分析新上线的活动或玩法是否达到了预期效果，这就是评估型专题分析的主要内容。评估型专题分析不仅能对当前内容的效果进行全面的综合评价，也能为游戏后续的迭代提供参考。

本节的案例来自于一款三消类游戏，该游戏在新版本中增加了 15 个新关卡，分析师需要评估新关卡的设计是否得当。

6.4.2　案例：评估新版本的关卡设计

关卡不仅是三消类游戏中最主要的游玩载体，也是最核心的营收点。因此，在评估新关卡的设计时，单纯依据关卡本身的指标来分析是不够的，还要结合关卡对用户活跃度和付费率的影响来综合考量。

本案例要分析新增关卡的通关率。从图 6.3 中可以发现，该游戏中逢 5 倍数的关卡通关率会低一些。从游戏关卡设计的角度来解读，逢 5 倍数的关卡属于高难关卡，难度比前后关卡都要高，因此通关率相对较低是合理的。而在新增的第 10 关中，该游戏引入了一种新的三消机制，运营人员更关心用户对新机制的看法，这就很难从前后关卡的通关数据中看出问题，必须和其他指标结合起来看。

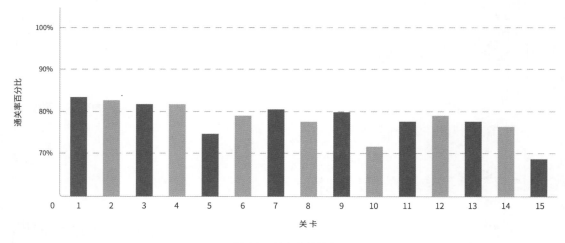

图 6.3　关卡的通关率

　　如何分析关卡通关率和用户活跃度、付费率之间的关系呢？分析师想到了 TE 系统中的留存分析模型。尽管要分析的指标并非留存率指标，但是可以借用留存率的算法，分析用户多个行为之间的联系。分析师可以随意修改留存模型中的初始事件与回访事件，模型将计算初始事件发生后的几天内是否产生了回访事件，以及每天的回访率是多少。在本案例中，将用户首次挑战新关卡作为初始事件，而将登录事件及付费事件作为回访事件。那么，从留存分析模型的计算结果就可以得知，用户首次游玩新关卡后的几天内是否有再次登录或者付费行为。可以横向对比多个关卡的用户登录回访率（指登录过游戏的用户再次登录的比率）以及用户付费回访率（指用户付费后再次付费的比率），评估新关卡是否促进了用户活跃或者付费。

　　除了回访率之外，一些精细化分析系统还支持对每日回访的用户做进一步的分析，查看回访用户在回访当天的其他指标。比如，调整关卡后，用户在登录当天的平均在线时长是多少，或者后续付费的用户的 ARPPU（Average Revenue Per Paying User，指每付费用户平均收益）。通过这些指标，可以量化新关卡对提高用户活跃度与付费率的作用。分析师发现，大多数关卡的登录回访情况都差不多，而第 10 关及之后的关卡，用户付费的比率稍微高些。如果再进一步分析这些付费用户此后的钻石消耗情况，可以发现其购买的主要道具也是和第 10 关的新机制有关的道具。因此，可以得出结论，新关卡的设计对用户活跃度没有太大的影响，但是可以促进用户付费，说明这个设计是有效的。

　　通过上述案例，可以发现在评估游戏设计的效果时，单一行为指标的意义相对有限，很多时候需要使用更为复杂的指标，比如多个行为之间的因果联系等。TE 系统提供了一系列抽象的分析模型，包括事件分析模型、留存分析模型、漏斗分析模型等，能够分析用户各种行为之间的因果联系。分析师可以充分发挥自己的能力，发掘更多隐藏在数据背后的用户真实需求，这样才能更加准确地判断新内容是否符合用户预期。

第7章

游戏数据探索性分析

游戏数据专题分析能帮助我们及时定位产生问题的原因，但在很多情况下，已有的专题分析方法并不能解决所有的问题，这时就需要通过探索性分析来解决。二十世纪六七十年代美国统计学家约翰·图基（John Tukey）提出了"探索性分析"的概念，指出分析者对问题的理解会随研究的深入而变化。探索性分析不局限于使用某个具体的分析模型或方法，也不完全依赖于已有的经验与知识，它更像是武侠小说中的"见招拆招"，不断迭代，形成"发现问题—解决问题—再发现新问题—再解决问题"的循环。

探索性分析的第一步是挖掘数据和理解数据，然后在此基础上，结合因果推断和实验法进行游戏数据分析，快速试错，帮助业务增长。

7.1　基于数据的信息挖掘

数据是对客观世界的符号化记录，而信息则是被赋予了意义的数据。要从数据中挖掘信息，首先要做的就是充分了解数据。比如，在拿到游戏数据之后，可以先查看其整体情况，判断不同字段代表的是数值型还是分类型数据。下面的表 7.1 展示了用户属性数据，其中当前等级、关卡进度是数值型数据，来源渠道就是分类型数据。

表 7.1　用户属性数据示例

账户 ID	当前等级	关卡进度	来源渠道
2d3e53a1–4689–46ff–ac0a–b3e330df3c51	29	89	App Store
da27122f–5d9d–4eaf–ab23–d7a62b8c48b2	14	30	App Store
9f3cc2dc–ece5–4312–a857–f9c4efd2ccc1	19	47	应用宝
f597d3d3–cc20–4eab–bc3c–5aa8058bd66d	3	4	小米应用商城
08f72230–3cc6–43ac–8a20–6f548f444e65	1	10	App Store

对于数值型数据，可以按字段值分组，看其分布属于正态分布、长尾分布、二项分布中的哪一种。图 7.1 为用户关卡进度的柱状图示例，可以看出关卡进度的分布属于长尾分布。

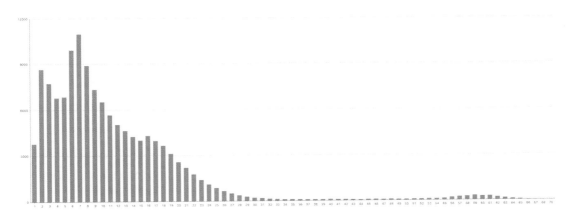

图 7.1　用户关卡进度的柱状图

充分了解数据的基本情况后，就可以使用一些方法来挖掘其中隐藏的信息了。比较常见的方法有：针对用户特征进行聚类分析，针对指标在时间序列上的异常变化进行根因分析，以及针对指标间关系进行回归分析。

7.1.1 聚类分析

1. 方法介绍

对数据进行常规分析时，分类是很常用的方法，例如选择国家作为类别，查看和对比不同国家的用户数据差异。但是，要对数据进行正确的分类，还要具备一定的业务知识，因为用户群体的特征是多种多样的，在数据背后还隐藏着一些潜在特征。这时需要采用有别于分类的另一种方法——聚类分析，划分出几个不同的类别，使得同组别内的数据尽可能相似，而不同组别间数据的差异尽可能大。

如今有大量的聚类方法可供使用，具体选择哪一种，取决于数据的类型及聚类的目的；也可以对同样的数据尝试多种方法，如空间划分法、层次分析法、基于密度或网格聚类的方法等。K-means 是所有的聚类方法中最常用的一种，因为它的算法简单，理解成本低，并且聚类的效率很高，在 1967 年被提出后一直颇受追捧。

简单来说，K-means 的原理就是：从原始数据集中随机选择 K 个位置（K 是事先指定的聚类簇数）作为聚类中心，不断调整数据集的划分方式，使得每个簇内的数据到聚类中心距离的平均值（mean）最小。作为经典聚类算法，K-means 也有一些缺陷，如对异常值抵抗性较差，如果数据没有经过清洗，会导致结果不符合预期；此外，聚类的结果受初始选择的簇数影响很大。因此，除了 K-means 算法外，大家也会使用层次聚类（Hierarchical Clustering）从另一个角度验证聚类结果。

层次聚类的原理是计算任意两类数据点间的相似性，对所有数据点中最为相似的两个数据点进行组合，并反复迭代，从底层逐步往上合并，直到仅剩两个簇，最终形成像"树"一样的结构，如图 7.2 所示。

相对于 K-means 算法，层次聚类在任意环节终止所得到的聚类结果仍然是有意义的，所以不需要事先指定簇的数量，更加自由。

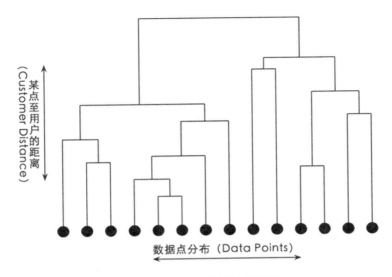

图 7.2　层级聚类形成的树状结构

除了上面提到的两种算法外，近年来也出现了对异常值识别兼容性较好的 DBSCAN（Density-Based Spatial Clustering of Applications with Noise）算法[1]、基于高斯混合模型的最大期望聚类，以及贴合社交分析场景的图团体检测等新的聚类方法。

2. 实际应用

聚类分析在不同领域得到了广泛的应用。在生物学中，聚类分析用于推导新发现物种所属的类别，甚至能对具有相似表达谱的基因归类进行鉴定，或预测未知基因；在空间数据库领域，通过聚类分析挖掘传统地理信息系统（GIS）中遗漏的区域间关系已成为新的研究方向；而在游戏数据分析领域，基于采集到的规范数据，聚类分析能为探索性分析提供很大帮助。

1　这是一个比较有代表性的基于密度的聚类算法。与基于划分的聚类和层次聚类方法不同，DBSCAN 算法将簇定义为密度相连的点的最大集合，能够把密度足够高的区域划分为簇，并可在有噪声的空间数据库中发现任意形状的聚类。

比如，游戏发行商比较关注广告素材投放问题，希望受众对广告素材的付费意愿越强越好，这样才能降低投放成本。然而，不同游戏的定位不同，目标用户群也有差异，不能生搬硬套其他游戏的广告计划与素材投放模式。我们可以利用聚类分析从游戏中抽象出大 R 用户的特征，再根据这些特征有针对性地投放广告素材，也就是"人群放大"。

再比如，很多游戏深受初始号的困扰，即工作室通过脚本自动生成账号并登录，以此方式签到并获得活动赠送的资源，以极低的代价获取游戏内的道具。这些账号影响其他正常账号的用户玩游戏，也干扰了运营人员评估游戏内资源的平衡情况。找到一两个初始号很容易，但是初始号并不存在像渠道或者地区这样显性的特征可作为将其与正常账号区分开来的依据，很难顺藤摸瓜把其他的初始号都找出来。假设初始号和正常账号在下面这些特征上差异较大，就可以统计相应的数据，然后应用 K-means 算法进行聚类分析。

- 初始号会采用脚本的方式每天登录，正常账号反而不一定会这么活跃，因此可以统计账号的登录天数。
- 初始号一般都不会充值，而正常账号可能会，因此可以统计账号的累计充值金额。
- 正常账号会用各种方式获得游戏内的资源（如钻石或金币），初始号只通过签到活动获得这些资源，因此可以统计所有账号通过签到活动获得的钻石和金币的数量，以及经由非签到活动所获得的资源。

假设根据上面的特征提取数据并代入 K-means 算法，选择将用户分为 3 簇，以可视化的方式展示出来（如图 7.3 所示，不同颜色代表不同的簇）。这时进一步分析，发现已知是初始号的账号位于绿色的簇中，就说明这一簇中账号可能都是初始号。

不过，聚类分析的结果受事先指定的聚类簇数影响很大，因此还需要进行人工核查，以确保结果是正确的。此外，如果选择的特征不合适，可能因为样本间的差异太小而无法分类，甚至得到错误的聚类结果。

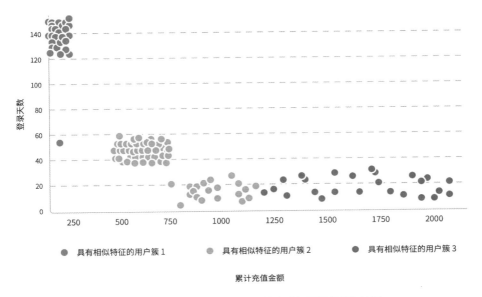

图 7.3　对一批账号用 K-means 算法进行聚类分析的结果
（为方便可视化，此处将聚类结果降维展示，每个点代表一名玩家）

7.1.2　根因分析

1. 方法介绍

如果说聚类分析是基于用户属性的相似度挖掘信息，那么根因分析就是从用户行为中挖掘信息，它的目的是当用户行为在时间序列上出现异常变化时，找到问题的根本原因，并采取系统的防范措施，而不是解决临时问题和被动应对，避免"治标不治本"。

根因分析最早被应用于商业分析领域，将其与"五个为什么""因果鱼骨图"等分析方法结合使用，能辅助领导者发现问题并进行决策。后来，这一方法也被广泛应用于 IT 和医学等领域，但都是采用人工分析的方式。在 IT 运维领域，由于业务部门对快速、准确、有效地定位故障根源有强烈的需求，根因分析逐渐成为新的研究方向，也诞生了一批针对海量数据自动定位故障根源的算法模型。

2014 年，微软研究院提出了一种基于 Adtributor 算法的多维时间序列异常根因分析方法。其大致的步骤如下：

（1）基于历史数据，计算整体指标（比如，DAU）及单个维度指标（比如 iOS 平台的 DAU、北京地区的 DAU 等）的预测值，并计算单个维度预测值占整体指标的比例（预测值占比）。

（2）统计整体指标及单个维度指标的实际值，并计算单个维度指标的实际值占整体指标的比例（实际值占比）。

（3）计算各维度值的占比差异（实际值占比 – 预测值占比），对每个维度下的值的差异求和（比如平台的差异之和，等于 iOS 平台的占比差异 + Android 平台的占比差异），找到差异之和最大的维度。

（4）在该维度下对各维度值的占比差异进行排序，越靠前的就越有可能是问题的"根因"。

应用 Adtributor 算法的前提是指标的影响因子是单维度的，不考虑不同维度间可能的相互影响。该算法对于整体指标发生剧烈变化的情况解释性较好，但如果整体指标的实际值和预测值差异不大，可能就无法进行根因分析了。比如，假设活跃用户数的预测值是 10 000，实际值也是 10 000，二者没有差异。但其实从"平台"的维度来看，iOS 平台上活跃用户数的预测值是 8000，实际值是 2000，而 Android 平台上活跃用户数的预测值是 2000，实际值是 8000。这种值得深入研究的现象就因为不会触发根因分析而被忽略了。

2. 实际应用

前面的章节曾经介绍过，当指标数据下降时，可以添加维度进行对比，找到怀疑的对象。但是这个步骤往往需要花费大量时间对数据层层下钻，这也是为什么要用根因分析来进行信息挖掘：它能自动找到可能有问题的维度，相当于排除了错误答案，指出了可能的方向。

举个例子，对于游戏发行商来说，每天的新增用户数是很重要的指标，尤其是在游戏刚上线的前几周。除了从官网下载游戏的用户，其他的新增用户往往是游戏发行商花大力气在各个渠道投放广告素材吸引来的，而渠道和广告素材的数量可能非常多，发现新增用户数降低时，想逐个渠道、逐个素材排查问题既耗时又耗力。假设负责广告素材投放的运营人员发现在 2021

年 12 月 1 日这一天，新增用户数（实际值）相较之前下降明显，那么就可以先收集过去两个月的数据，计算出每个维度值对应的预测值，将预测值和实际值放在一起比较，如表 7.2 所示。

表 7.2　新增用户数在每个维度的预测值与实际值

维　　度	维度值	预测值	实际值
投放渠道	App Store	74 196	49 317
投放渠道	小米应用商店	82 712	72 612
广告活动 ID	Campaign_2020_105	33 431	22 672
广告素材 ID	ad_505	13 298	11 018
广告素材 ID	ad_509	15 212	15 027
广告素材 ID	ad_500	16 001	15 996

接着，统计并计算每个维度值"变化的占比"和"占比的变化"。

- 占比的变化为：（各维度值的预测值÷整体的预测值×100%）−（各维度值的实际值÷整体的实际值×100%）。
- 变化的占比为：（维度值的预测值和实际值之差）÷（总体的预测值和实际值之差）×100%。

将得到的两个数值代入 Adtributor 算法，并计算同一维度下各维度值占比的变化的总和。如果发现差异之和最大的是广告素材 ID 维度，则问题最有可能出在广告素材 ID 维度上。

最后，在广告素材 ID 维度下按占比的变化的绝对值递减排序，就是各广告素材对新增用户数下滑的"贡献"的排序，如表 7.3 所示。

表 7.3　广告素材 ID 占比变化的绝对值排序列表

维度值	占比的变化的绝对值
ad_509	6.15%
ad_502	3.51%
ad_503	1.76%
……	……
ad_500	0.03%

当然，根因分析只是用来排除错误答案，指明分析方向的，如果要分析广告素材的效果差的原因，还需要结合素材本身具体来看。比如，是该素材对用户的吸引力不足，还是该素材和所投放人群的匹配度不够？只有这样分析才能优化后续的投放策略。

7.1.3　回归分析

1. 方法介绍

和纵向寻找异常维度的根因分析不同，回归分析从横向角度对指标间的定量关系进行挖掘与猜测，这种关系也被称为"相关性"。

尽管在实际业务中，简单线性回归模型已经能解决大部分场景下的分析需求，但还有一些场景需要引入复杂的回归模型来解决。比如，在有多个自变量的情况下，使用多元线性回归模型进行分析（可类比数学中的多元一次方程），每个自变量都有自己的系数（代表在保持其他自变量不变的情况下，该自变量对因变量的影响程度）。

当然，相关性也有可能来自于巧合。在 *Spurious Correlations* 一书（Hachette Books，2005 年出版，Tyler Vigen 著）中，作者就举了下面这个例子。如图 7.4 所示，蓝线代表的是1999—2009 年美国在科学、太空、技术等领域的支出，橙线是在该时间范围内通过上吊及窒息方式自杀的人数。如果仅对这些样本数据进行分析，会发现线性相关系数（ $r = 0.9978$ ），二者强正相关。

但很明显，这两者风马牛不相及，变化趋势非常相似是因为样本量太少（仅有 11 个年份的数据），这完全就是巧合。对游戏数据进行回归分析时，也需要保证结论有足够多的数据作为支撑，避免巧合带来的影响。

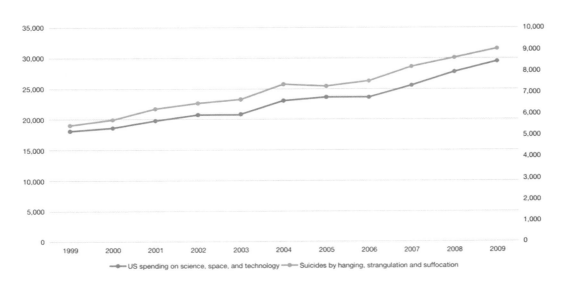

图 7.4　来自巧合的相关性案例

2. 实际应用

在游戏数据中，单个指标的变化不会独立存在，此时回归分析能定量地发现指标间的相关性，为后面的分析及预测提供帮助。

比如，运营人员在分析用户付费金额和留存率的相关性时发现，付费用户比未付费用户的留存率高很多，于是通过各种手段促进用户首次付费，也就是游戏运营中常常提到的"破冰"。再比如，休闲类游戏的关卡难度会同时影响用户流失率和付费率。关卡太难，用户可能会放弃，但也可能产生更高的付费意愿。这时，游戏策划人员需要在用户流失与付费相关数据的基础上，结合经验来确定关卡的具体难度。此外，游戏发行商可以借助回归分析评估不同营销方式对"拉新"的帮助。

假设有一款进入成熟期的卡牌游戏，每天的活跃用户数（DAU）趋于稳定，运营人员希望基于历史数据预测次日甚至一周后的活跃用户数。我们可以先从最简单的方式开始。假设当日DAU 和过去 7 日 DAU 的平均值有相关性，我们提取两个月（2021 年 10 月和 11 月）的历史数据，如表 7.4 所示（数据为虚构值，受篇幅所限，并未全部展示，仅列出若干项作为示意）。

表 7.4　当日和过去 7 日的 DAU 历史数据

日期	当日 DAU	过去 7 日 DAU 的平均值
2021-10-1	3870	3822
2021-10-2	4554	3851
2021-10-3	4712	3907
……	……	……

对 2021 年 10 月和 11 月总共 61 天的数据进行回归分析，得到当日 DAU 和过去 7 日 DAU 的平均值的关系为：当日 DAU = 过去 7 日 DAU 的平均值×0.84+ 828.89（如图 7.5 所示），其中横坐标为过去 7 日 DAU 的平均值，纵坐标为当日 DAU。

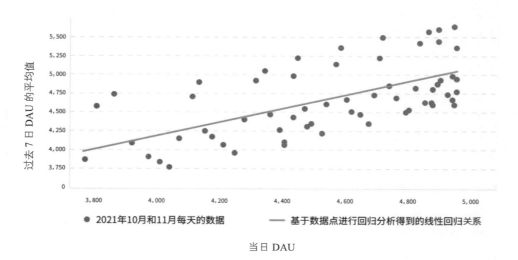

图 7.5　当日 DAU 和过去 7 日 DAU 的平均值的关系，
蓝色点代表 2021 年 10 月和 11 月每天的数据，红色直线代表对数据进行回归分析得到的线性回归关系

那么，如果已经知道 2021 年 11 月 24 日至 11 月 30 日这 7 天的 DAU 平均值为 5000，代入上面的公式中，预测 2021 年 12 月 1 日的 DAU 为：5000×0.84+ 828.89 ≈ 5029。当然，这只是比较简单的预测，想要得到更精确的结果，需要选择多个影响因素后再进行回归分析，比如：

- 处于游戏不同生命周期阶段的用户登录意愿不同，应区分新/老用户的登录人数。

- 尚在活跃中的零氪用户流失成本低，其数量可能会对 DAU 产生影响。
- 当天如果有大的限时活动会促进用户登录，要把这一点作为影响因素考虑进来。
- 由于 DAU 中包含当天新注册的用户数，因此存在外部因素的影响，例如渠道买量、广告投放等都会带来新用户。

同样，提取两个月的历史数据，如表 7.5 所示（数据为虚构值，受篇幅所限，在此不全部展示，仅列出若干项作为示意）。

表 7.5　增加了多个影响因素的历史数据

日期	当日 DAU	过去 7 日 DAU 的平均值	零氪用户数	当日是否有限时活动（0 代表没有，1 代表有）	当日的买量支出（元）
2021−10−1	3870	3921	1547	0	8661
2021−10−2	5982	3791	3597	0	37891
2021−10−3	4712	3888	4070	0	45712
……	……	……	……	……	……

对表 7.6 中的数据以同样的方式进行回归分析，得到每个自变量的系数和截距，用公式来表达就是：

$$当日 DAU = 过去 7 日 DAU 的平均值 \times 0.79 - 零氪用户数 \times 0.42 +$$
$$当天是否有限时活动 \times 397.86 + 当日的买量支出 \times 0.10 + 1875.21$$

基于这一公式，运营人员就可以预测未来的 DAU，做到心中有数，还能合理安排买量支出与限时活动，维持游戏的良好运转。

7.2　因果推断与实验法

前面提到的回归分析是信息挖掘的重要方法，但它仅能对指标数值进行预测。以 DAU 预测为例，从 7.1.3 节最后的公式来看，零氪用户越少，DAU 越高。但如果用简单粗暴的手段让零氪用户全部消失——比如将这些用户封号，显然除了引起公愤外并不能提升 DAU。

这种错误的因果推断忽视了其他变量对 DAU 的影响，比如游戏的质量，游戏越好玩，用户就越愿意登录，也更愿意付费。

生活中这样的例子比比皆是。比如，数据显示冰淇淋销量和溺水人数呈相关性，但其实四季更迭导致的温度变化才是二者数据变化相关的真正原因；红酒广告声称常喝红酒的人平均寿命更长，但这些消费者往往经济实力较强，个人收入是红酒购买量和平均寿命的共因。

这就是因果推断研究的重点：如何避免干扰，更准确地推断各种变量之间的因果关系。近几年来，国内外许多互联网公司都采用了实验法来进行因果推断，通过控制变量，让结果只依赖于一个随机变量，此时可以认为数据表现的差异是由该变量引起的。

实验法也叫控制变量法或 A/B 测试，很早就被广泛应用于科学研究。例如医学或者心理学的双盲实验，目的就是避免研究结果受安慰剂效应影响，因为很多疾病本身就能自愈，但在这些测试中，样本量往往很小，如果没有完善的实验设计，很可能无法得出具有显著性的结论。

在互联网时代，样本量早已不是问题，准确详细的用户行为数据也让衡量 A/B 测试的效果变得更加简单。实际上，像 Facebook 这样的大型互联网公司每年都会进行数以万计的实验，硅谷流行的"增长黑客"理论也把实验法视为必要的一环。贝佐斯曾说过："我们（亚马逊）的成功来自每年、每月、每周、每天的实验。"对游戏公司来说，针对游戏各个方面进行 A/B 测试能产生"复利"效应，万一有问题也能避免其产生大面积的影响，提升试错效率，降低试错风险。

7.2.1　A/B 测试的完整流程

虽然原理并不复杂，但 A/B 测试对流程规范的要求很严格，不遵守规范的实验，其结果的可信度将大打折扣，甚至会得到相反的实验结论。

A/B 测试的基本前提就是不同组别间的用户互不干扰且随机分流。实验法的核心是控制变量，A/B 测试自然也要避免用户分流不均匀而造成影响。如果实验组内都是活跃用户或者重氪用户，对照组是随机抽样用户，实验结果就不言而喻。同时，实验结果的精确度要能经得起统计学检验，精确度越高意味着实验需要的样本量越大，实验时间也越长。

除了上面两点外，还有一点经常被忽略，就是要保证关键指标口径统一且可评估，本书第4 章和第 5 章对数据采集和指标体系建设进行了详细介绍。在正式的实验环境中，往往有多个实验在同时进行，没有统一的评判标准会引起内部混乱；另一方面，无法采集指标数据也会错失实验的最佳时机。

下面介绍 A/B 测试的一般流程，大概分为以下 3 个阶段。

阶段一：提出假设

A/B 测试往往基于灵光一现的想法，或者是通过对现有数据的分析，假设改变某个参数会影响用户的行为，并且这种影响也会反映在对应指标的变化上。这种假设未必需要对产品做很大的改动，《关键迭代》[1] 一书中提到，2012 年 Bing 的一个小小改动——将原本位于主标题下方的副标题移到主标题后面（参见图 7.6，上图为旧的样式，下图为新的样式）——带来了高达 12%的营收增长。此项实验上线后甚至因为广告点击率提升过高，超过了默认上限而频繁触发内部告警。

以一款应用内广告（In-App Advertising，IAA）游戏为例，假设运营人员发现 8 个广告激励点位中有 2 个的点击率（CTR）数据明显低于其余点位，拆解指标后发现其余 6 个点位并不存在过度曝光的情况。于是运营人员提出假设，数据不佳是因为这两个点位的图片素材样式不够有吸引力，因此决定做 A/B 测试，将现有图片素材作为对照组，新制作的图片素材作为实验组，看实验组的 CTR 相较对照组是否有明显提升。

1　原著名为 *Trustworthy Online Controlled Experiments*（Cambridge University Press，2020 年 5 月出版）。

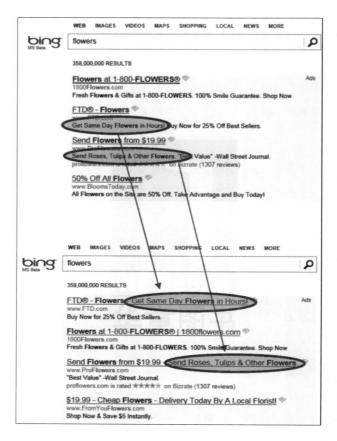

图 7.6　Bing 改进广告陈列方式的实验

再举一个例子，对于 IAP（In-App Purchase，应用内购买）游戏来说，礼包内容是个不错的实验对象。游戏策划人员可以提出假设：个性化推荐比固定排序更能促进用户购买礼包。基于这一假设，将用户分为两组，对照组的用户礼包内容都是固定的；而实验组的用户礼包内容，是根据用户的历史游戏行为，通过模型预测出的用户更喜欢的道具。当然，两种礼包内的道具数量和级别都是一样，整体价值是相等的。如果实验组的效果明显好于对照组，说明个性化推荐是值得大力推广的一种策略。

阶段二：随机抽样

提出假设后，就到了 A/B 测试的重点环节——随机抽样，该环节有两个问题：样本应该被分到哪一组？这一组对应的体验是什么？

对于第一个问题，一般来说样本都是采用随机分组的方式。假设每次实验的最小流量占比是 1%，就需要将用户分为 100 组。将标识 ID（用于随机抽样的唯一标识，一般是用户账号）取模后分到编号为 0~99 的组内，每个组代表着 1%的流量，根据需要进行划分，划分后的结果也叫做"分流比例"。对于第二个问题，可以为每个组配置对应的参数，不论是样式实验还是策略实验，都根据这个参数来进行。有了分流比例后，还应该选择其中一组用户作为对照组，剩下的就属于实验组，对实验结果的统计都是基于实验组和对照组的对比的。

假定我们要针对按钮颜色做实验，目的是验证按钮颜色对用户点击率的影响，分组情况如下：

- 编号为 0~79 的用户分到对照组，看到的是白底黑字的按钮。
- 编号为 80~89 的用户分到 A 实验组，看到的是红底白字的按钮。
- 编号为 90~99 的用户分到 B 实验组，看到的是蓝底白字的按钮。

客户端在用户进入页面前，先向分流服务发送请求，里面带上用户的账号。分流服务根据实验配置找到用户账号对应的组，以及该组的参数，并返回给客户端，然后客户端将展示对应样式的按钮。比如，某用户被分到 A 实验组，客户端展示给他的就是红底白字的按钮。

阶段三：结果统计

根据分流数据和用户行为数据，可以快速统计 A/B 测试的实验结果，但是常常有人对实验报告展示的结果提出疑问，比如：

- 广告点击率提升了 1%，说明实验成功了吗？
- 实验组的用户付费金额下降了，应该立刻结束实验吗？
- 为什么有的指标是正向的，有的指标却是负向的？

首先要明确的一点是，实验成功与否并不取决于实验组是否效果更好。由于用户群体的付费能力、活跃度、游戏进程等情况都不可能完全一致，实验组和对照组的指标总会存在差异。

A/B 测试实际上是提出了一个假设，即这一差异是由抽样误差引起的。而如果在随机抽样后，实验组的指标相较对照组仍然存在统计学上的"显著差异"，那么就可以作为论据推翻原假设，反证这种差异是由实验参数导致的。无论差异是正向的（实验组的效果更好）还是负向的（实验组的效果更差），都代表实验成功，因为提出的假设得到了验证。

当然，总会存在小概率事件，比如正好将大 R 用户都分到了实验组，零氪用户都分到了对照组，但这一概率非常小，一般 A/B 测试会将"置信度"设置为 95%，也就是说只要有 95%的把握认为指标差异不是由抽样差异带来的，就说明差异是显著的。需要指出的是，大部分 A/B 测试的结果中关键指标都没有显著提升，Mike Moran 曾称 Netflix 认为他们尝试过的实验中有 90%都是错的，Slack 的产品生命周期总监 Fareed Mosavat 也曾发推文称，只有 30%的商业化实验显示了正向结果。

此外，所有实验都不应该违背公司目前的战略方向，也就是指标体系里的北极星指标（详细内容可查看第 5 章）。如果在统计结果时发现实验组的北极星指标显著下降，游戏项目负责人要慎重考虑是否要将实验参数推广到全部用户。

7.2.2　游戏行业的实际案例

尽管 A/B 测试已然成为互联网公司的标配，但在游戏行业却还没成为主流，原因之一是游戏的样本数据量相较 C 端互联网产品的要少，导致实验周期更长。另外，游戏公司对 A/B 测试能在哪些方面起到作用还没有形成统一的认识。下面介绍两个游戏行业的 A/B 测试案例。

案例一：在测试阶段快速验证玩法

对于处于测试阶段的游戏，用户知道自己的投入不能在后续的正式版本中继续生效，因此游戏策划人员无须避讳一些对公平性有影响的实验，甚至还可以对游戏的底层玩法进行实验。

　　举个例子，某个跑酷类型超休闲游戏（Hyper-Casual Game）的核心玩法是，控制角色左右移动，使其在避开障碍物的同时拾取金币。由于核心玩法和用户的操作完全相关，游戏开发者并不能确定该如何配置角色移动速度的参数。

- 移动速度太快，用户容易失去控制而撞到障碍物，造成不好的游戏体验。
- 移动速度太慢，用户有可能看到障碍物但无法避开，或者看到金币但来不及拾取。

　　此时可以进行 A/B 测试，以用户游玩时长作为核心指标，找到对提升该指标影响最大的移动速度参数。除了移动速度，还可对关卡难度（如何设置障碍物数量）、升级进度（如何设置对用户的激励）或者广告弹出时机（是在通关还是在失败后弹出）等进行测试。

　　如果是中重度游戏，也会有较长的删档测试阶段可进行 A/B 测试。比如，对于卡牌游戏，通过实验来确定不同组的用户在新手十连中所能获得的卡牌，可以将实验组设置为十连必得五星卡牌，而对照组中不会出现五星卡牌，对比这样的安排是否会影响用户参与后续玩法的积极性。当然，由于游戏类型的原因，实验结果可能无法在短时间内得到验证，最好同时进行多个实验，在删档测试结束后统一查看实验报告，并结合定性的用户访谈对游戏进行迭代，为下次的测试做准备。

案例二：新用户留存率长期调优

　　无论是在游戏上线初期还是成熟期，新注册用户的次日留存率、7 日留存率都是要重点关注的指标，运营人员需要时刻关注新手引导流程，A/B 测试正是验证新手引导流程是否会影响用户留存率的好方法。

　　但是从精细化运营的角度来考虑，由不同渠道导入的用户天差地别，有些"硬核"用户希望快速进入游戏体验玩法，有些用户则需要新手引导给予详细的指导，因此要选择单个渠道的用户来进行 A/B 测试，避免影响对实验结果的统计。

　　比如，在某游戏中，将在 2021 年 12 月 1 日注册，来自于小米应用商店的用户平均分为以下 3 组：

- 第 1 组用户：在进入游戏后没有看到任何新手引导。

- 第 2 组用户：有新手引导但可在任意步骤退出。
- 第 3 组用户：强制接受所有新手引导。

对华为应用市场、App Store 等渠道的新用户也进行类似实验，可以获知不同渠道用户的偏好，并据此采用不同的新手引导策略。

另外，可以结合游戏内的推送机制，测试不同的文案内容、推送文案的时机及推送频率对用户留存率的影响。因为此类实验难度低、出结果快，只要确保不影响用户体验（如导致用户关闭推送，甚至卸载游戏），就能放心地进行大量实验，累积"复利效应"，最终产生质变。

7.2.3 提高实验效能

7.2 节介绍了 A/B 测试的基本内容，在真实环境里，为了快速得到准确的结论，需要通过各种方式提高实验效能，下面是 3 种常见问题以及解决方法。

1. 如何解决流量不均的问题

尽管抽样方法是完全随机的，但不能保证实验组和对照组的用户属性特征分布完全一致，也即不能排除两组用户在某些属性特征上可能天然分布不均。比如，游戏用户群体中会存在零氪用户，小 R、中 R、大 R 用户等，如果在实验组中大 R 用户的比例更高，可能出现两种误差：

- 如果实验组确实效果更好，那么实验的效果将被夸大。
- 如果实验组本应效果更差，那么指标负向的程度会减少，甚至变为正向，从而得出错误的结论。

在实施 A/B 测试前，可以先以完整的实验流程进行 A/A 测试，即实验组和对照组的参数完全一致，用户所看到的内容没有差异，这种方式也被称为"空跑"。如果在空跑的情况下指标仍然有显著差异，则说明需要检查随机抽样环节是否存在异常，如果不存在异常，就可以正式进行实验了。

除了 A/B 测试，还可以用分层抽样替代随机抽样，即先判断用户的属性特征，将其放入某一层，在同一层内再随机抽样，确定用户进入哪一组。这个方法的优点是能保证实验组和对照组的用户属性特征分布尽可能相似，但前提是要事先做好数据采集，有完整的用户属性数据作为支持。

2. 如何解决流量不够的问题

众所周知，在抛硬币时，随着抛币次数的增加，正面朝上的比例逐渐趋于 50%，波动也会逐渐变小。对 A/B 测试来说，道理也是一样的，如果用户数量足够大，发生流量不均的可能性就会很小。

不同实验之间会相互影响，但是又要保证实验同时进行，那就没法保证每个实验都有足够的用户来参与。并且随着时间的推移，某个组别的用户会因为前面实验的影响，和其他组别的用户在属性特征上存在结构差异。

那么，要怎样解决流量不够的问题呢？2010 年，Google 发表了一篇论文[1]，首次提出"层域模型"的概念，即除了标识 ID，在分流时再增加一个"层 ID"来共同取模。由于层 ID 可以无限增加，即使是位于不同层的同一个用户也会被分入不同组中，就像是把流量复制了 N 份一样，彻底解决了这一问题。

需要注意的是，这里有个前提，即不同层之间没有业务上的关联。以前面的按钮颜色实验为例，假如拆分为两层分别进行实验，一层是按钮底色实验，另一层是文字颜色实验，就有可能出现异常情况——因为会有用户看到的按钮是白色底色和白色文字，实验结果可想而知。

3. 如何解决效率不高的问题

"层域模型"只能解决实验太多而引发的流量枯竭问题，但对游戏公司，尤其是一些休闲类游戏公司来说，用户数量本身就不满足 A/B 测试对样本量的要求，而游戏的生命周期不长，要

1　论文 *Overlapping Experiment Infrastructure: More, Better, Faster Experimentation*，作者为 Diane Tang, Ashish Agarwal, Deirdre O'Brien, Mike Meyer。

求越快得出可信的实验结论越好，也就是说要提高实验的效率。

在传统的 A/B 测试规范中，流量比例及实验时长在实验开始前就已经确定，不能调整。为了解决上面的问题，近几年来基于贝叶斯概率模型进行实验的方法引起了人们的重视。

以游戏内广告为例，用户每次触发广告曝光后都只会有两种结果：点击或者未点击。通过历史数据可以估算广告点击率的大致范围，比如前一日广告的总点击次数是 60 次，总曝光次数是 600 次，点击率的基础数据为 10%。实验开始后，只要有曝光就在 600 次的基础上加 1 次，有用户点击则在 60 次的基础上加 1 次，这样很容易凸显不同组别的差异。如果实验组的效果更好，则调整分流比例让更多用户进入实验组，并不断重复这一过程，最终实验组的分流比例达到 100%，也意味着实验成功结束。通过这一方法，可以在找到最优组别的同时，最大程度提高总体的实验效率。

7.3　总结

自 20 世纪 60 年代探索性分析的概念被提出以来，各种分析方法层出不穷。本章介绍了如何通过探索性分析拓展思路。

- 通过聚类分析、根因分析等方法，基于数据进行信息挖掘，发现用户行为里"隐藏"的信息。
- 根据因果推断提出假设后，按规范的流程进行 A/B 测试，再根据实验结果不断迭代游戏的核心玩法、奖励机制、UI 样式等各个方面。

不过，做探索性分析时最重要的还是跳出原有思维框架，从数据角度而非业务角度选择最合适的方法。在日常工作中如果遇到业务问题一时不知该从何着手，不妨试试探索性分析，也许会有所启发。

第三部分

游戏全生命周期数据实践

第 8 章

玩法验证单元

一款游戏从研发到最终上线，玩法是贯穿其全生命周期的精髓。无论是脍炙人口的经典游戏《魂斗罗》，还是惊艳游戏行业的游戏《双人成行》，其玩法都蕴藏着强大的生命力，让用户在体验后，仍会不时重玩。

如果说一款游戏的核心是玩法设计，那么通过数据分析验证游戏的玩法则是游戏数据分析的核心。本章将系统阐述如何验证游戏玩法，并通过验证新/老游戏玩法的两个案例，从实操的视角介绍，在游戏生命周期的不同阶段，如何利用数据分析来验证并调优玩法设计。

8.1 概述

玩法验证是游戏数据分析师的一项重要工作内容。想要交出一份优秀的玩法验证分析报告，分析师不仅要具备数据分析能力，还要对游戏的玩法逻辑有足够深入的了解，并且与游戏研发和运营人员进行充分沟通，了解游戏的设计思路和运营策略，以保证数据分析方向的正确性与合理性。游戏是一种基于既定规则来进行交互的新媒介，制订用户体验规则的过程就是制订一款游戏玩法的过程。在一款游戏中，游戏任务、副本、战斗或对抗模式、养成线机制、资源流通机制，甚至成就累计机制等都可以被视为特定的玩法逻辑。在理论上，这些机制和规则都有分析的必要，但是对很多游戏来说，"玩法"在大部分情况下指的是战斗或挑战性关卡、养成线机制和资源流通机制这三大模块。鉴于篇幅有限，本章选择其中的前两个模块做深入剖析。

8.1.1　玩法验证的目的与分析维度

玩法验证的第一个目的，是确认用户对玩法的接受度。一款游戏上线新玩法后，是否出现大量用户对新玩法有负面反馈，新/老用户、大 R 用户（指游戏中充值金额高的用户）与零氪用户对新玩法的偏好是否存在差异等，均应通过数据分析来验证。

玩法验证的第二个目的，是找出用户在体验玩法的过程中，对哪些具体环节存在负面反馈。比如，确认用户在体验玩法的途中是否存在卡点，如果有，则需要进一步找出卡点主要集中在哪几个环节，并探索卡点背后用户放弃参与游戏的原因。针对这些原因，游戏的产品人员要进一步思考是否需要对玩法进行优化或调整。

玩法验证的第三个目的，是确认在该玩法下用户的收益与消耗是否符合设计者的规划与用户的预期。一个玩法在设计之初，都会有特定的目标。在玩法验证的过程中，负责玩法设计的人员需要不断查看游戏目前的数据与最初设定的目标是否匹配。此外，在体验玩法时，用户的收益与消耗应保持整体平衡，以便满足用户个体的正向心理预期，同时维持整个用户群体的生态平衡。

玩法验证的第四个目的，是确认玩法对游戏的整体体验是否具有正面意义。上线新玩法的首要目标，是让用户对游戏产生新鲜感和正面情绪。因此，如果用户对新玩法有负面反馈，则需要考虑是否继续保留该玩法。

常见的玩法验证有四个分析维度：

- 游戏整体框架结构维度。
- 玩法的后续体验维度。
- 用户维度。

- 细节监测维度。

首先，从游戏整体框架结构维度，根据新玩法的目标与特点拆解新玩法，观察它会产生哪些指标，并找出与新玩法资源流相关的数据，有时甚至还要考虑与新玩法相关的其他玩法数据；通过这样多方面、多维度的数据分析来验证新玩法是否能顺滑地融入游戏，是否破坏了游戏整体的节奏与体验，最终得出有价值的分析结论。

其次，从玩法的后续体验维度，找出与新玩法相关的养成线指标，并根据养成线指标验证：在实际运营过程中，与新玩法相关的养成线是否按照既定的规划为用户带来了良好的体验。当然，有时候有些玩法的后续体验不属于养成模块，那么就要弄清楚其究竟属于哪个模块。随后对其进行分析，并将其作为评估玩法优劣的重要依据。

再次，从用户维度，查看用户对新玩法的接受度。在这个维度，一方面，要分析用户对于新玩法的参与度和留存情况，以及新玩法带来的付费率、用户活跃度和资源消耗数据的变化，确认新玩法是否会对用户的游戏节奏和固有观念产生影响，是否影响其充值和留存意愿；另一方面，要分析用户参与新玩法，对于游戏内整体数值平衡产生的影响是积极的还是消极的。

最后，从细节监测维度，观察玩法相关数据中是否出现了研发和运营团队认为不合理的数据，例如，玩法本身的规则是在游戏里额外添加的模块，但有可能与原有游戏玩法设置产生冲突，或者玩法在战斗中的规则被具备特定属性的用户利用，获取了非正常的利益；通过数据分析，发现新玩法导致的规则漏洞、玩法 bug、用户群体行为带来的负面影响等，探究这些问题产生的原因，根据其重要性制订相应的对策。

8.1.2　核心指标对玩法验证的影响

所谓核心指标，就是与玩法设计的主要目的直接相关的指标。在常规条件下，用于评价玩法的指标可能不止一个，我们需要在众多指标中找到核心指标。只要核心指标达到或超出预期，玩法设计就可以算是成功的。如果玩法的核心指标达到目标，但是带来了一些负面影响，则需要评估这些影响与核心指标在游戏运营中所占权重的高低。因为在实际情况中，将新玩法加入游戏后，往往很难让所有指标都正向变化，尤其是玩法在上线初期，对游戏或多或少会有一些负面影响，我们不能因此就判定新玩法是失败的。这时，就需要根据核心指标与其他非核心指标之间的权重，来评估负面影响：其是否会导致用户对整个新玩法的评价都是负面的？有时候，牺牲一些指标，换取新玩法为整个游戏带来更多的积极影响，也是分析师或发行及运营团队权衡之后，做出的比较合理的选择。

8.1.3 新老游戏玩法的数据验证差异

进行玩法验证之前，需要弄清楚是验证新游戏的现有玩法，还是验证已经上线一段时间的老游戏的新玩法。之所以要做区分，是因为两者在分析层面存在较大的差异。

验证新游戏的现有玩法时，对新用户的玩法体验的分析应多一些，可以适当减少对该玩法本身与其他玩法的关联性分析。因为要分析的这个玩法已成为游戏的一部分，一般不太可能与其他玩法发生较大规模的内部冲突，所以在关联性分析上投入的精力可以少一点。新游戏本身处于公测前阶段，玩过该游戏的用户并不多，在这个时间节点，用户是否认可这个玩法肯定是缺乏数据验证的，这就需要根据内测数据做出评价。

验证新游戏现有玩法的另一个重要目标，是评估用户参与游戏的节奏是否符合预期，因为新游戏在公测前还没有对较大范围的用户开放，缺乏各层级用户玩游戏的平均节奏的真实数据。

验证老游戏的新玩法时，需要投入足够多的精力观察新老用户对该玩法的评价或参与度是否存在差异。如果该玩法与用户付费行为的相关度很高，则需要对不同付费层级用户在该玩法上付费行为的差异做深入的分析，确定该玩法是否刺激了中小 R 用户的付费意愿，增加了新的付费点；大 R 用户之前稳定的付费习惯是否受到了冲击，导致付费动力减弱。

老游戏的新玩法可能还肩负着提升游戏中用户整体活跃度或整体付费率的任务，所以在分析时，不能只看由新玩法导致的用户直接参与和直接付费的情况，还需要从整体来看游戏运营指标的提升是否符合预期。这里的直接参与和直接付费，是指用户直接参与新玩法，以及因为体验新玩法而产生的付费需求所推动的付费。与此相对的概念是间接参与和间接付费，是指用户参与新玩法后对游戏的整体需求和体验产生变化，由此而发生的参与玩法和付费的行为，它们与我们分析的新玩法没有直接的关系，是由一些相对间接的场景所激发的。

8.2　新游戏现有玩法的验证案例：宝石镶嵌

本节用一个案例来阐述对新游戏现有玩法进行验证的数据分析过程。

8.2.1　玩法简介

"宝石镶嵌"是 MMORPG 或卡牌游戏中常见的养成玩法，一般是给游戏内某个参与战斗的"实体"（装备或宠物）增加一些属性条，比如给用户的武器镶嵌一颗红宝石，用户的整体攻击力会增加 100 点；镶嵌一颗绿宝石，用户的防御力就会增加 50 点。不同颜色和等级的宝石，所代表的属性不同。

一般来说，每个镶嵌宝石的实体都会有一定数量的"宝石空位"或"孔位"，用户可以相对自由地组合配置所需的属性偏向。比如，用户可以选择镶嵌更多"攻击力增加 10 点"的宝石，增加单次远程攻击的伤害力；或者镶嵌更多的紫色宝石，以增加"暴击率增加 1%"属性，为用户的刺客类职业增加秒杀小兵的机会。也就是说，与传统的人物或装备升级相比，宝石镶嵌能让用户拥有更高的自由度，来调整战斗实体的属性偏向。

在验证用户对这种具有较高自由度玩法的接受度时，不能只看"宝石等级"这种简单的养成数据指标，还需要结合用户对宝石进行组合的策略与养成的优先级综合分析：用户是否能领会游戏设计者的策略设计，以及用户的养成策略在既有框架下能否增加游戏的乐趣，而不是制造游戏体验的 bug。

8.2.2　玩法分析

玩法分析的流程与前几章提到的各种角度的数据分析流程相似。在实际分析时，虽然很多分析师都有自己特有的分析步骤，但通常不会超出以下 4 个步骤的范围。

1. 确定分析对象

确定分析对象是整个分析流程的起点，如果没有明确的分析对象，那么后续的数据分析就无法有效展开。分析对象并不一定是单一的，要确保与分析对象相关的每个指标都可落地、可量化。在本案例中，宝石镶嵌玩法的分析对象主要包括以下 7 个：

① 宝石镶嵌玩法的参与比例。

② 宝石镶嵌玩法自身的留存率。

③ 宝石镶嵌玩法的进度与用户整个游戏进程的相关性。

④ 宝石镶嵌玩法的相关资源产出和消耗。

⑤ 宝石镶嵌玩法与充值有关的数据。

⑥ 宝石本身与养成相关的数据。

⑦ 数值层面的真实样本验证。

由于篇幅有限，这里只展示"① 宝石镶嵌玩法的参与比例"的具体分析流程，各位读者可根据上文提及的分析维度尝试对其他分析对象进行拆解和分析。

2. 获取分析所需的数据，定义临时指标

获取分析所需的数据是数据分析过程中经常被忽略的一点，其实所获取数据的质量和获取数据的效率本身就决定了数据分析的精度和深度。分析师要提前掌握游戏产品的数据框架和结构，阅读相关的规则文档，在厘清所有事件和属性的定义、算法及大致实现逻辑之后，再开展数据获取工作。这将有助于避免分析无效的需求和制作无用的表单，尽快进入数据分析阶段，给数据分析留出足够的时间。

临时指标是指在数据分析的前期为了获取最终分析所需的可用数据而先确定的一些素材性指标，需要根据数据分析流程中的具体需求来制订。这些指标往往非常具体，其数学意义大于业务意义，局限在较为狭窄和细粒度的场景下，甚至不一定会出现在分析逻辑里。但因为这些

指标往往起到中转、辅助和侧面验证的作用，其存在还是很有必要的。临时指标的逻辑也需要记录下来，方便后续进行回溯。

在本案例中，先定义临时指标，然后将其数据化。这里我们定义这款游戏中常用的临时指标：在宝石镶嵌玩法中用户选择宝石颜色时的偏向。这个指标只是一个笼统的概念，在进行数据分析时要将其数据化，比如：

① 确定宝石有几种颜色，各代表什么数值类型。

② 用户根据宝石镶嵌的基本规则能进行多少种形态的组合。

将临时指标数据化，我们才能根据数据来分析用户选择宝石时是否存在明显偏向、原因是什么等。接下来，就是具体的推演与分析过程。

3. 推演与分析

我们将利用 TE 系统来进行推演与分析。首先要做的不是考虑用户群体的定位，而是先找到宝石镶嵌这个具体的行为事件；然后针对这个事件，选择数据并进行计算；最后，从时间和逻辑上限定有宝石镶嵌行为的用户，确保这些用户参与玩法的场景相对一致，也就是确保样本的一致性。

下面我们设置一个具体的分析模型，模拟上面的分析流程。本案例的分析对象是"宝石镶嵌玩法的参与比例"，也就是说，我们的需求是"计算在特定时间段参与宝石镶嵌玩法的用户比例"。这属于占比数据的计算，因此可以使用 TE 系统的"事件分析"模型中的公式来实现。公式的雏形是：

$$宝石镶嵌玩法的参与比例 = 实际参与宝石镶嵌的用户数 \div 活跃用户数$$

这时，需要重新审视公式，看看分母是否准确。在当前的分析场景下，对于这个分母，是选择所有活跃用户还是细化到"有资格参与"该玩法的群体？这个资格又如何定义？如果我们想排除无效用户的影响，就需要重新定义公式的分母。"有资格参与"这个概念有两层含义：一是用户解锁了宝石镶嵌玩法的开关，能够真实地进行操作；二是用户拥有完成宝石镶嵌这个行为所需的资源。根据这两层含义，我们通过 TE 系统的"分群"或"标签"功能完成对分母的限定。因此，新公式为：

$$宝石镶嵌玩法的参与比例 = 实际参与宝石镶嵌的用户数 \div 有资格参与宝石镶嵌的活跃用户数$$

确定分母后，再确定分子。对于"实际参与宝石镶嵌"这个概念，也需要进行简单的分析。是否完成整个镶嵌过程，才算是完成了一次镶嵌？如果解除或更换了已镶嵌的宝石，怎么认定这个镶嵌行为？不过相对于分母，分子的确定比较简单，这里不再赘述。

分子与分母都确定后，才能建立宝石镶嵌行为的事件分析模型。如图 8.1 所示，在 TE 系统的"事件分析"模型中，选择"宝石镶嵌"事件为模型主体，选择"触发用户数"作为统计指标。选择公式"触发用户数/角色登录"，即可得到宝石镶嵌玩法的参与比例。

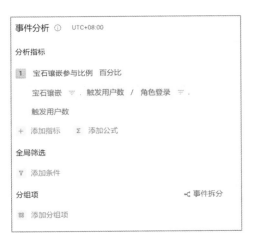

图 8.1　TE 系统的"事件分析"模型界面

在该平台中，"事件分析"模型还有一个重要组成部分，即时间元素，共包含两个主要时间元素：时间范围和时间颗粒度。对于时间范围，可以仅选择一天的数据，也可以选择多日数据合计；对于时间颗粒度，可以选择以天为单位做切片分析（一般指从一个较长周期或整个实体中抽取一部分具有代表性的样本数据进行有针对性的分析），或将多日数据合到一起算总值。这些条件都要根据实际的分析需求来合理设置

　　将分母限定为"有资格参与宝石镶嵌的活跃用户"的方法很多，这里我们选择一种实现逻辑相对简单的方式，用到了 TE 系统的"用户分群"功能，如图 8.2 所示。

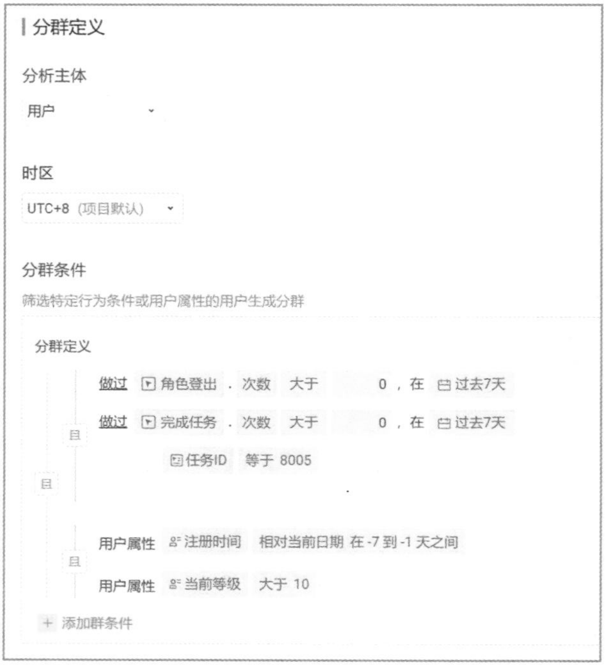

图 8.2　TE 系统的"用户分群"功能演示

　　我们可以利用 TE 系统的"用户分群"功能预先精准限定"有效参与用户"群体。在"分群定义"里选择我们已经确定的时间区间（过去 7 天），在这个区间内设置"角色登出"次数大于 0，就筛选出了活跃用户。除此以外，完成任务 8005 是开启宝石镶嵌玩法的前置条件，并且仅限于部分新增用户，因此还需设置完成任务 8005 的次数大于 0，用户注册时间在过去 1~7 天内，且当前等级大于 10（即有足够的战力获取宝石产出）。在 TE 系统中，将这个用户分群加载到前面的公式中，就可以计算出宝石镶嵌玩法的参与比例。

　　利用 TE 系统对分子和分母进行灵活的定义，筛选出了纯净的样本集，这显然是最符合我们分析需求的计算模型。

假设通过计算，我们得到宝石镶嵌玩法的参与比例为 65%。接下来，要对这个值进行分析：在数学层面，这个值对游戏本身和新玩法究竟意味着什么？也许有些人会说："65% 肯定是非常好的数据啊，还需要做什么分析？"这就掉入了经验主义的陷阱。根据很多分析师的工作经验，65% 的参与比例似乎不错，但这只是数学意义上的结论。我们还必须从实际业务的角度论证，在业务背景下，如果 65% 也是一个非常令人鼓舞的指标值，才能最终确信这确实是业务运转良好的表现。就好比在业务层面我们认为 40% 是不错的留存率，但是对于个别细分游戏品类，留存率实际上要达到 60% 才能算是及格。这就是实际业务背景不同导致评价标准发生了变化。

对计算结果进行分析，通常有 3 种方法：数据对比、趋势走向、多维度和度量判断。

（1）通过数据对比来判断 65% 的参与比例是否理想，比如与其他类似玩法的参与比例进行对比。但是，如果其他类似玩法在相同的计算条件下得到的参与比例普遍高于 65%，那么对该玩法而言，65% 是一个不够理想的数据吗？这个结论也不一定准确。这时建议增加一些外部因素来帮助判断，这样得出的结论会更加客观。比如，这个玩法的理解成本是否过高，导致能参与的都是核心用户？或者是否因为获取这个宝石镶嵌玩法所需的资源——宝石的条件很苛刻，很多用户苦于"无米下锅"？如果存在以上这类影响因素，那么即便很多用户有参与的动力，也未必都能第一时间参与玩法。在判断用户是否参与玩法的过程中，有可能存在一些无法量化或看起来不那么有直接关系的影响因素。这时就需要结合运营经验和对游戏产品的理解进行判断，而不能只根据一个指标数据下结论。

（2）从趋势走向来评估计算结果。趋势走向是很多分析师做判断时容易忽略的角度。前文已提及，用户参与宝石镶嵌玩法的时机有可能存在一些很难量化的影响因素，所以还需要结合一段时间内用户参与比例的变化趋势进行判断。比如首日的参与比例是 65%，之后每天的参与比例都在持续上升，那么可以认为 65% 只是一个良好趋势的起点，并不是这个周期的最高点。这种看趋势的角度也可以验证我们选择的用户参与玩法的时间点是否合理。不过这个时间段不要选择得太长，因为很多玩法的长期表现存在一些累积性的因素，玩法参与比例正向增长不一定代表 65% 这个值就符合预期。

（3）从多维度与度量角度来分析计算结果。从不同维度切入，比如依据个人属性对用户细分，会产生多个参与比例，对这几个参与比例进行横向对比，观察细分用户群体对于宝石镶嵌玩法的态度。例如，可以分别观察付费用户和零氪用户在宝石镶嵌玩法上的参与比例是否存在明显差异。虽然主要目标是评估整体用户对于宝石镶嵌玩法的接受度，但是大盘数据肯定存在"被平均"的情况，如果不同群体对于宝石镶嵌玩法的态度存在明显差异，就必须临时增加对这个方面数据的挖掘与分析，厘清原因，确认是否要针对那些比较抵触宝石镶嵌玩法的用户群体，适当调整玩法的设计。

"度量"这个词很抽象，为了方便理解，可以将其视为"单位"或"种类"这种相对容易理解的概念，但是这样解读又不能完全涵盖"度量"的全部含义，所以这里还是采用"度量"这个说法。举例来说，我们不仅要考虑参与宝石镶嵌玩法的用户数，还要观察参与玩法的人均次数，以及参与次数在不同用户群体内的集中程度；在统计宝石资源时，不仅要考虑每种颜色宝石的使用量，也要考虑每种颜色宝石的养成力度。度量拆分与维度拆分略有不同，进行维度拆分后各个单元之间就是简单的数值对比，而进行度量拆分后，需要更多地结合业务设计来评估数值的"好坏"。

除此以外，有些游戏的玩法参与比例数据可能会因为新手引导或运营活动等因素干扰而失真。例如开放宝石镶嵌玩法时，系统会强制用户按照新手指引进行一次镶嵌操作，这会导致参与比例虚高。在这种情况下，就需要识别用户是被动参与还是主动参与的。至于运营活动对玩法参与比例的影响，则需要跟相关产品人员与研发人员沟通。在玩法验证期间，运营活动的力度越大，对于数据的干扰就越严重，在分析时要尽量排除类似的干扰因素。

4. 形成分析结论

很多分析师的分析过程非常完善精妙，但是结论往往含糊不清。对于业务需求方来说，这种分析就缺乏参考价值。分析结论一般要包含三个主要因素，才能为需求方提供指导，以及为游戏版本优化提供参考意见。第一，就是做出明确的正向或负向的判断，例如这个玩法目前是否达到了设计目的，是否完成了预期的关键指标，对这些问题要有清晰的回答。模棱两可的结论使需求方无法决定是否需要对游戏进行优化。第二，分析结论应该是基于数据、业务实际情况和逻辑做出的判断，不能用个人主观感受，比如"我喜欢""我觉得不好玩"等下结论。第三，玩法分析报告不能仅包含纯粹的数据分析，还要结合游戏的整体数据进行解读和说明，确保玩法分析考虑到了游戏整体层面因素的影响。

8.3 老游戏新玩法的验证案例：王者争霸

8.2 节选取了宝石镶嵌这个传统玩法进行验证，介绍了玩法分析的完整过程。下面我们将结合网游中最常见的核心机制——战斗机制，选择一个副本玩法做验证，来看看与前面有所不同的分析过程。因为选择的是已经上线了一段时间的老游戏，所以在分析时会考虑更多的细节。

8.3.1 玩法简介

该玩法是游戏运营约一年后新增的跨服团队战 PVP（Player Versus Player，双方用户实时操作角色对战）副本玩法，用户可以自由组队参与，开放时间为每周六 18 点，分为小组赛和淘汰赛两个阶段，最终的冠军将获得丰厚奖励。王者争霸每个赛季历时两个月，每次间隔1 个月，限等级超过 100 级且战力超过 100 万点的用户参加。

8.3.2 玩法分析

我们同样采用 8.2.2 节中的 4 个步骤来完成整个分析过程。

1. 确定分析对象

对于老游戏新玩法的验证，要考虑的数据细节更加复杂，其分析目的和分析对象也要提前主动与需求方沟通清楚。对于这个玩法，主要有以下 9 个分析对象：

① 王者争霸玩法的参与比例。

② 王者争霸玩法的自身留存率。

③ 王者争霸玩法的热度维持与用户整个游戏进程的相关性。

④ 王者争霸玩法的资源产出和消耗。

⑤ 王者争霸玩法与充值有关的数据。

⑥ 王者争霸玩法与养成相关的数据。

⑦ 王者争霸玩法对于当前游戏整体节奏的影响。

⑧ 王者争霸玩法对于新用户的友好度。

⑨ 王者争霸玩法相关运营活动的效果。

2. 获取分析所需数据，定义临时指标

在获取数据时，需要注意一个本节没有提及，但在搭建数据分析体系时（参考第 4 章）必须完成的工作——埋点。对于老游戏的新玩法，分析师一定要在版本上线之前监督完成埋点工作，否则后面的数据分析就会陷入困境。在埋点环节，不仅要考虑前面列举的 9 个分析对象所需的各项指标是否能完整地数据化，还要确认是否有指标需要通过间接数据来推算。对这些间接数据的完整性也需要提前确认。

在本案例中，定义临时指标时需要增加的考虑因素是服务器环境、人为因素对数据的影响，以及对这些因素是否需要通过量化的方式去修正。经过长期运营而形成的特定服务器环境，是不可预测的。另外，用户经历了游戏版本的长期迭代和运营策略引导，很可能对游戏形成了一套相对稳定的认知逻辑，这套认知逻辑本身也会影响他们对新玩法的认可程度和接受速度，是否从一开始就对新老用户分开进行数据分析，这是在开始做玩法分析时就需要考虑的问题。

3. 推演与分析

我们选择一个相对复杂的分析对象来做推演。以"④王者争霸玩法的资源产出和消耗"为例，对于这个分析对象，需要从资源产出、资源消耗两个维度分别分析，再将结论融合，得到最终的总结论。

推演的第一步，是明确对资源产出和消耗的分析所涉及的数据范围，采集相关的数据。如

果没有必须分析的指标，可以不收集与本次分析目标不太相关的数据。此外，一般长线运营的游戏在中期推出较大规模的新玩法时，往往也会有配套的新养成线。对这个新养成线的分析，严格来说并不在玩法验证的范围里，但有时用户评估新玩法时，对养成线的反馈也是影响其参与玩法的一个重要因素。本案例的王者争霸玩法有一个关联很紧密的新养成线，因此这个养成线与王者争霸的互动产生的数据也需要分析。

（1）资源产出

先确定王者争霸玩法有哪些资源产出渠道。这种玩法一般的资源产出渠道分为随机掉落和固定奖励两种。按照资源的性质，还可以分为货币类资源和物资类资源。

虽然理论上可以通过赛制固定奖励列表，直接统计所有用户的资源产出，但是赛制越复杂，用户的实际参与情况越不可控，那么实际的产出也就会存在变数。这里推荐根据用户实际得到的固定奖励来衡量资源产出，这样比较准确。因为某些奖励不是直接发给用户的，而是寄存在邮箱里，用户不一定能在第一时间知晓并领取奖励。

这里还是采用 8.2.2 节介绍的分析方法：数据对比、趋势走向、多维度和度量判断。

在本案例中，通过数据对比来评估资源的内容，需要考虑的因素会更复杂，因为资源的内容不会是单一的，所以不仅要看数量，还要看其实际的价值。比如，用户会根据游戏中的实际物价认为 10000 块金币的价值低于 100 颗钻石，也可能认为 100 颗钻石不如 10 张抽卡券值钱。也就是说，在数据分析场景里，除了关注用户获得的每种资源的数量，也要关注将这个资源换算为人民币等一般等价物时，其在用户认知里的分量。

判断资源的价值时，可以有两个视角：用户视角和一般等价物视角。用户视角是基于用户在特定环境下对不同资源的需求程度来评价资源价值的，比如用户现在缺装备，持有很多金币，可消费的渠道不多，那么从用户视角看，金币的价值肯定低于装备，因为他对于装备有较强的需求。在整个游戏的物价体系里，其实很可能用户所需的这件装备卖掉之后换不了很多金币，而与这件装备的货币价值等量的金币可以买到的其他商品，在游戏里的价值远高于这件装备，这就是需求导致了价值判断扭曲。另外，商品除了具有货币价值之外，还具有使用价值，在游戏里也是一样。比如，虽然货币价值可能一样，但是在用户看来，洗练的保底护符（王者争霸玩法中的一种道具）就是比同等货币价值的金币更好，因为保底护符能带来的属性值加成所对应的金币量，或是用户洗练失败的损失所对应的金币量，可能远大于与保底护符等货币价值的金币量。

厘清所有资源的货币价值换算和使用价值加成方式之后，就可以结合资源的档位评估其价值，我们可以将所有玩法的资源在价值层面归档，而不是仅仅看其在游戏内的售价。一旦掌握了资源的价值定位，就可以相对精准地评估用户的整体收益。

除了前面提到的获得资源的货币价值和使用价值，王者争霸这种定期的大型玩法可能还有另一种资源形式：荣誉类奖励，它可以是一个成就勋章，也可以是一个外观具备特殊设计与特效的称号或时装等。这些奖励本身并没有实际的经济价值，但是能满足用户的荣誉需求或炫耀心理。如果奖励清单里存在这种奖励，也需要为其分配一定的权重，将其加入资源的价值评估中。

根据趋势走向评估资源。这里的趋势不是单纯指用户通过赛程实现资源质量升级的进程，还包括用户因在游戏内获得物品奖励而实现实力升级的过程。后者的要点在于资源种类的升级，这种升级不是指资源数量和品质的升级，而是指获得完全不同的更高档的资源，与用户自身在游戏内所处的养成阶层或社会阶层的需求有关。这种资源种类的升级对于用户参与玩法是否有积极的刺激，也是对趋势走向进行分析时需要判断的。

从多维度和度量方面评估资源。在 PVP 玩法里，用户的心理预期也是需要考虑的因素。本案例里的维度，一般跟用户当前的战力和平均资产档位有关，因为这些因素会影响用户对于所参与比赛的结果的满意度。战力反映的是用户的战斗能力，用户以此为主要依据，评估自己战斗胜利或失败的合理性。对比游戏的平均资产档位与每个参赛用户个体的资产，就可以了解参赛用户的资产分配策略是否合理，是什么原因导致了合理，又有什么原因导致了不合理。尤其要分析付费用户在 PVP 玩法中的表现与其在游戏内付费的主要项目是否有较强相关性。根据用户当前的战力和游戏的平均资产档位，可以判断在比赛中失利的用户是因为绝对实力不足，还是因为养成策略上的失误导致其在战斗中居于劣势。除了关注胜负，我们还需要关注用户失败的原因。针对这些原因，我们可以通过在游戏内设置引导，帮助用户修正行为，体验到游戏的乐趣。

还有一个可选的分析维度就是"胜负关系",这是对竞技性较强的玩法进行深度分析的核心。游戏中的胜负不是简单的零和博弈,我们要统计胜负双方的特征数据进行分析。如果有必要,战斗的细节数据也要成为分析的对象。所谓胜负双方的特征数据,就是指战斗时长、总输出伤害、死亡次数、达成玩法附属条件的次数等,能反映用户掌控战斗的能力和战斗激烈程度的数据都要纳入分析范围。通过分析这些数据,可以得知用户实际的战斗体验满意度和用户对于游戏策略的认知程度。

（2）资源消耗

在分析一般性玩法的资源流通时,资源消耗数据往往会被忽略。因为相对于资源消耗,用户更关注自己得到的资源是否符合预期和满足需求。不过,从长期的业务分析经验来看,有必要针对用户获得的资源、这些资源在后续游戏进程中的消耗方式以及产生的效果进行分析和评估,这样才能比较全面地看到用户对玩法的整体感受。

在本案例中,资源的消耗分为永久型和兑换型两种。永久型消耗是指用户单纯因为某种玩法而消耗资源,并且获得了这种玩法中数值可见的回报（可能还有间接收益）。而兑换型消耗是指用户通过交易得到其他资源。

对这两种消耗,在分析时采用的方法有所不同。对永久型消耗,我们考虑的是:用户进行这种消耗的原因,以及用户对这种消耗的接受极限在哪里;这种消耗对游戏的整体意义是什么,以及随着游戏整体模块的变化和数值的调整,这种消耗的存在意义是否有同步的变化。而对兑换型消耗,我们分析的重点是:交易结果是什么;用户为什么要进行这个交易;这个交易产生的结果,从目前来看,用户是否觉得有意义或物有所值。

下面先以数据对比分析为例进行推演。到底需要对比哪些指标,或者哪些指标的对比是有必要且有意义的?这就要利用第 5 章中的 OSM 模型了。从分析逻辑入手,列出当前需要分析的指标,然后看哪些指标有必要进行对比。

我们选取了符合本次分析条件的 10 000 名样本用户来做分析,对比 2021 年 11 月 1 日王者争霸玩法赛季第 1 天至 2021 年 11 月 13 日的赛季节点中,这 10 000 名用户的每日特定资源消耗量的变化,以判断在王者争霸比赛期间（王者争霸玩法在 2021 年 11 月有所调整）用户的资源消耗是否符合预期。注意，此处选择 10 000 名样本用户仅用作推演示例，在实际分析时，不一定都采用 10 000 名样本用户作为参照，不同游戏的用户数量不同，可根据游戏的整体运营数据来判定，样本用户数在总的新增用户数里占据有足够高的比例即可。

首先需要获取每个用户每日特定资源消耗的详细数据，对比 10 000 名样本用户的每日 DAU 总和与特定资源累计消耗量的总和。但仅仅做这两者的对比分析还不够，因为用户每日的特定资源消耗量，还受到其资源保有量浮动的影响，很多用户通常不会将某项资源全部消耗完，总会留有一些余量。因此，可以加入体力消耗比例与金币消耗比例的对比，增加数据分析的维度。

确定需要对比的两大指标之后，就可以开始对比了。针对前面提到的用户每日特定资源消耗量的变化，根据 OSM 模型进一步下钻，寻找落地指标。比如，先对比钻石这一特定资源（一级货币）的消耗量。这个对比过程分为 6 个步骤：判断趋势，发现关注点，排除误差，划定关注点的小趋势区间，分析关注点，得到初步结论。

步骤 1：判断趋势

先看样本用户每日特定资源消耗量的变化趋势。如图 8.3 所示，消耗量从新增当日（2021年 11 月 1 日）开始相对平缓，没有出现剧烈波动，仅在 2021 年 11 月 8 日有大幅度的波动。得出这个结论之后，就可以开始寻找关注点，或有分析价值的特殊点位。

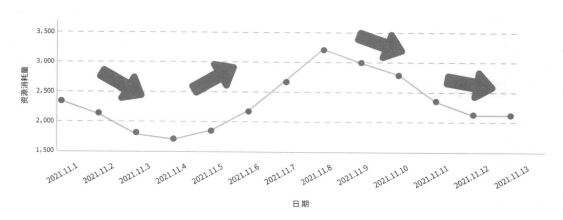

图 8.3　每日特定资源消耗量的变化趋势

步骤 2：发现关注点

选择关注点时，一般采取 4 个视角：节点量、波动点、波动节奏，以及多指标之间的相互作用。

① 节点量

节点量就是图 8.3 中左侧纵轴的值。我们不仅要考虑数据本身蕴含的信息，还要考虑是否有必要为这些数据分组和定义量级。2021 年 11 月 1 日特定资源消耗量为 2500 亿，除了数学层面的意义之外，这个数据在宏观的产品层面还是否有意义？比如，将这 2500 亿资源平均分给所有用户，如果每位用户分得的资源相当于其当前拥有资源的 50%，是否可以认为，用户消耗资源时非常踊跃，王者争霸玩法非常吸引人，用户都在通过消费积极准备比赛？这就要求我们除了观察数据，还要掌握游戏整体的运营情况。

② 波动点

从图 8.3 中可以看到，2021 年 11 月 8 日就是一个波动点。为什么这个时间点前后的数据变化趋势明显不同？为什么资源消耗量在这一天突然增加，而第二天就开始下降？这些都是需要分析的点。

③ 波动节奏

观察图 8.3 中的曲线，如果其遵循一定的规律而不是完全无序地变化，就说明是有波动节奏的。我们要研究整个资源消耗量曲线，甚至要延伸到图 8.3 展示的时间段之外，看看是否存在某种重复出现的比较相似的波动节奏，比如：上个月、上周的资源消耗量是否存在类似波动节奏？或者相同时间段的新增用户在特定时间周期里，其资源消耗量是否也存在类似的波动节奏？这些波动节奏的内在规律是什么？分析波动节奏可以帮我们找到数据周期变化的规律，而其中的异常很可能就是我们完成这个分析课题的重要线索。

④ 多指标之间的相互作用

我们增加 DAU 数据，如图 8.4 所示（黄色线条为 DAU），可以看到资源消耗量与 DAU 没有同步变化，这同样是需要注意的一个分析点。有时候数据的波动不一定都是我们的产品设计所导致的，也存在场景条件变化而导致的波动，所以在本案例中，也需要分析对主要分析指标可能产生较大影响的数据。

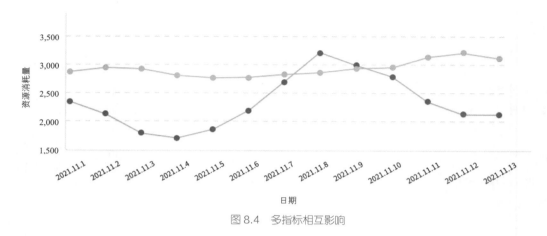

图 8.4　多指标相互影响

步骤 3：排除误差

下面进入误差排除阶段。如果对游戏产品不够了解，很多分析师容易对图 8.4 中的数据做出过于简单的判断。由于数据无法完整无损地记录场景，因此如果脱离实际的场景，仅凭数据做判断，就容易得出错误结论。所以，确定关注点之后，需要针对整个数据区间所在的场景收集信息，比如了解相关玩法的开放时间、开放等级，用户会考虑每天在什么时段参与玩法，以及当天该时段有什么突发事件会对数据造成干扰等。

步骤 4：划定关注点的小趋势区间

划定关注点的小趋势区间是指分析一些重要节点时，最好将关注点前后的一小段数据也作为辅助分析因素考虑进来。如图 8.5 所示，一般我们会选择红框中的数据作为分析的范围，也可以考虑将更大区间的数据（比如图 8.5 中的黄框圈出的范围）作为辅助数据。加入这些辅助数据的目的不是为了形成另一个分析结论，而是为了更好地理解红框中数据在整体中所处的阶段。

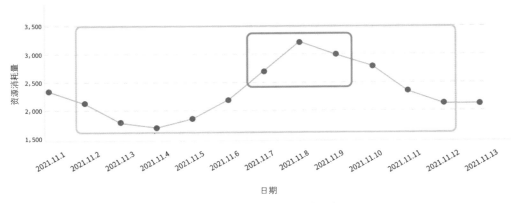

图 8.5　划定关注点小趋势区间

这里我们把红框区间的数据定义为主关注点，把黄框区间的数据定义为副关注点。因为主关注点位于图 8.5 中横轴的中段，所以我们可以把副关注点分为主关注点之前和之后两个区间单独解读。主关注点之前黄框区间的数据，处于主关注点上升趋势的初始阶段，这个阶段的数据比黄框区间之外的末端值要小。在黄框和红框之间的数据段其实算是一个低谷。因此，我们要分析：生成这个低谷的原因是什么？是主关注点导致了这个低谷，还是存在其他原因？这就是副关注点带来的重要信息。如果只分析主关注点，往往会忽略这个低谷的数据变化。

这个分析步骤并不是每次做分析都必须有的，应根据实际需要来判断是否增加这个步骤。

步骤 5：分析关注点

这个步骤是分析流程的核心，也是最考验分析能力的步骤，可继续使用前面介绍的数据对比、趋势走向、多维度与度量判断等三个基本方法进行分析。

在图 8.3 中，特定资源的消耗量存在多段的变化，需要从两个角度分析。第一个是 KPI 目标角度，也就是高点的指标值是否符合预期或计划的 KPI，这是最主要的角度。第二个是周期区间角度，也即要分析在整个比赛周期内，用户特定资源消耗量的合计值、人均值或中位数等指标是否符合我们的预期？尤其是特定资源消耗量的低谷和峰值各代表什么意义？比如，出现的低谷是否为游戏规则的正常体现，出现峰值是否是因为用户在一段时间内蓄积资源，在高点集中释放？

考虑周期区间角度时，就不能仅仅对比 2021 年 11 月 1 日和 11 月 18 日之间用户特定资源消耗量的差距这么简单，还应该进行同期对比，图 8.6 中就加入了 2021 年 10 月 1 日到 10 月 18 日同期用户的数据（灰色线）。

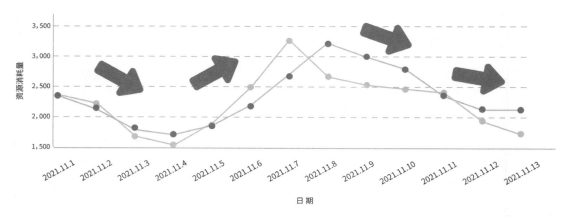

图 8.6　对比不同时间区间的数据

从图 8.6 中可见，2021 年 10 月也就是上个赛季，特定资源消耗量出现上升周期的时间点，要早于 11 月这个赛季出现上升周期的时间点。另外，10 月特定资源消耗量达到最高点（峰值）的时间比 11 月同期提前了 1 天，但 10 月的高点维持能力不如 11 月，在高点第二天就开始明显下滑，直到 3 天后的 10 月 11 日才止住下滑趋势，甚至后续的数据表现也不如 11 月。那么，这里就有 3 个关注点需要探寻原因：

① 11 月的峰值为什么晚了一天？

② 在 11 月的峰值之后，数据能够连续两天维持在高位的原因是什么？

③ 11 月的数据尾部能够保持平缓的原因是什么？

在本案例中，指标拆分的维度不再是之前讲过的角色与账号，区服与渠道，大/中/小 R 用户等常用的维度，而是另增了一些维度来辅助分析。例如，我们可以分别分析付费用户和免费用户的特定资源消耗量变化趋势：二者是否具有共同特征？是否存在明显的差异？这种差异是否与有无付费、付费多少直接相关？至于度量，则可以根据王者争霸玩法的规则进行细分，比如：付费多的用户在连胜层面是否经常超过阈值？某些战力较强的用户所在团队的胜率较低的原因是什么？

步骤 6：得出初步结论

① 用户在开始阶段经历了较长的适应期，可能与 11 月初的游戏版本更新中对玩法资源产出量的调整有关（这是一个黑箱信息）。

② 11 月时游戏曾针对王者争霸玩法做过调整，从数据反馈来看，用户在 11 月比赛中的表现优于 10 月，11 月的资源消耗量维持在高位的时间更长，说明 11 月对玩法的调整非常有效。

③ 11 月的赛季结束后，用户通过持续消耗资源来转化本次活动的收益，在这方面的积极性也高于 10 月的赛季。

4. 形成最终结论

11 月玩法调整后效果比较好，说明研发的调整确实富有成效。本次比赛的用户在开始阶段经历了较长适应期（黑箱信息），付费用户的资源消耗强度有所增加。

虽然当前的数据表现良好，但是运营人员需要着手规划玩法后续的内容，因为当前可用于后续吸引用户参与的资源产出内容已经不足，如果不为本次参赛的选手提供一些资源消耗性运营活动，他们下个月参赛的积极性会明显下降。

8.4　总结

本章介绍了游戏玩法验证的方法论和实战案例，对于案例中的分析方法需要根据不同分析场景灵活运用。

　　玩法验证是游戏数据分析中的常见课题。这个分析课题一般需要足够多的数据作为样本提供支撑。如果用户体量较小，不建议做深度的玩法验证分析。玩法验证不单要评估每个玩法本身的用户接受度，还要根据用户每天的在线时长，评估每个玩法的时间占比、先后顺序和收益产出效率，才可能得到相对客观正确的结论。

第9章
买量推广单元

第 8 章详细介绍了如何通过数据分析验证游戏的核心玩法。在确定玩法之后，游戏将进入买量推广环节。本章将介绍在游戏买量推广期，如何通过数据分析提升买量效果，实现用户数量持续增长。

9.1 概述

一款游戏要想发行得好，除了本身质量要"过硬"，可以让用户留存并贡献价值之外，还需要有高质量用户持续地涌入游戏。而要想让高质量用户持续涌入游戏，游戏发行商就需要通过买量来维持用户量的增长。

买量是指广告主（一般指游戏发行商）通过投放广告的形式在媒体渠道上购买流量（曝光广告），以获得新用户的方式。

当然，获得新用户的方式不止买量这一种，自然裂变、渠道联运以及品牌营销活动都是获得大量用户的有效方式。但毫无疑问，在如今优质游戏产品不断被推出的大背景下，通过媒体渠道大规模买量是最直接、最有效的获得新用户的方式，也是当下游戏发行商必备的手段。

可以说，买量市场是和移动互联网一起成长起来的。在过去，游戏发行商往往以联运的形式与应用商店合作，从暴增的互联网用户中享受红利。但这种红利从 2015 年开始就逐渐消退。随着智能手机硬件增长放缓，精品游戏逐渐增多，一些发行商开始在一些媒体渠道付费获取用户，游戏的买量模式开始兴起。

在买量模式发展的早期，游戏发行巨头通过这种方式可轻松达到千万元以上的月流水。此后，越来越多的中小型游戏发行商加入买量的队伍。但随着竞争加剧，国内买量市场逐渐从蓝海变成红海，并发生了两个显著的变化。

一是买量成本飙升。虽然移动互联网用户量在不断增长，但其增长速度远远比不上每年新游戏产品上线的速度，在同一时期的市场总流量相对稳定的情况下，各大游戏发行商只能通过提高广告报价来获得更高的曝光率，买量成本上涨便成了大势所趋。

二是用于买量的广告素材的生命周期在缩短。买量模式刚刚兴起的时候，无论是广告类型还是用户的喜好，都比较单一。因此，前期入局的游戏发行商往往"一招鲜，吃遍天"，即同一题材的广告素材就可以覆盖和触达全年龄层用户。然而，随着游戏发行商对买量的投入越来越多，游戏广告的质量也越来越高，仅仅展现游戏的原生场景已经很难吸引用户；而且，一套成功的广告素材往往会引来竞争对手争相模仿，游戏发行商必须频繁更换素材风格才能在买量红海里获取更多的用户。

由于上述两点变化，对于游戏发行商而言，精细化买量变得至关重要。

9.2 如何买量

那么，应该如何买量呢？本节会先介绍买量的不同阶段，每个阶段的主要工作内容及注意事项；接着介绍买量素材的分类；最后再解释一下买量过程中会用到的相关指标。

9.2.1　买量的不同阶段

游戏中的买量大致分为 4 个阶段：预热期、爆发期、稳定期和衰退期。在不同的阶段，买量的策略与工作重点也会有所区别。

1. 预热期

在游戏上线前，发行商往往会进行多轮买量测试。一方面，通过数据验证买量渠道所覆盖的人群与游戏本身的用户画像是否匹配，然后根据验证结果决定是否对渠道、广告素材风格及用户定位进行调整；另一方面，则是利用买量获取用户，收集用户反馈，对游戏版本进行调优。在这一阶段，买量的工作重心是确定对应的买量渠道和投放广告的人群，再根据不同的终端、出价、广告素材及时间，制订之后一系列的广告计划，同时也要在不同渠道做好游戏的预约工作。

2. 爆发期

随着游戏正式上线，买量也将进入一个短暂的爆发期，要通过多渠道、多计划持续采量，使游戏迎来用户的爆发式增长。在这个阶段，为了让游戏能以最快的速度抢占市场，广告投放人员需要不断测试广告素材的吸量程度，密切关注每一个广告组素材的曝光量、点击量及转化率，并及时进行调整。游戏在刚上线时，用户增长最为关键，要吸引最核心的用户。为了快速抢占市场，大部分游戏会扩大目标人群的范围，目的就是增加广告素材在人群中的曝光度，从而增加用户流入量。

3. 稳定期

当游戏在上线初期获得的关注度消退之后，买量便进入稳定期，需要用更新颖的广告素材，以及游戏中的通关小贴士等维持用户量的稳定性。但在这一阶段由于很多目标用户在游戏上线初期已被获取，因此买量成本会相对高一些。为了能在合理预算范围内保证游戏的回本周期，广告投放人员需要适当调整买量模型，向更加精准的用户群投放广告。而产品端也需定期进行相关的运营活动，增加新老用户的付费转化率，缩短回本周期。

4. 衰退期

买量计划往往和游戏本身的运营计划是强关联的，当游戏版本进入尾声，买量也进入了衰退期。这一阶段比较突出的特点是量少价高，因此买量计划会逐渐收缩，仅保留一些经过筛选的高质量渠道，维持一定的用户流入量，为下一次的买量做准备。当然，还可以通过用户重定向，在买量时发布每个运营阶段的活动信息，使用户回流或拉新。将买量数据与游戏数据之间的链路打通，可以监测每天有多少老用户回归，以验证买量的效果。

从整体来看，游戏买量是一个周而复始的过程。伴随游戏的运营周期，买量都会经历预热、爆发，达到峰值，之后逐渐回落的过程。

9.2.2 主流买量渠道与广告类型

如何合理利用流量创造更大的价值，是制订买量策略时需要思考的问题。而游戏的买量策略与买量渠道密不可分。基于流量规模，可以把买量渠道分为以下两类：综合渠道和垂直渠道。

- 综合渠道：目前国内有字节系（抖音、今日头条、西瓜视频、穿山甲联盟）和腾讯系（微信、QQ），这一类渠道用户体量庞大，覆盖全年龄段、全类型人群。
- 垂直渠道：Bilibili、百度、斗鱼、虎扑等，这些渠道的用户体量不如综合渠道，用户类型也以垂直人群为主。

在不同的买量平台和广告位中，广告的类型也不同。基于广告在媒体渠道中出现的位置，可以将其分为以下 6 种类型：

1. banner 广告

banner 广告又称"横幅广告"，是移动互联网兴起以来用得最广泛的互联网广告形式之一，长期出现在网页、App 中一些不易插入整屏广告的位置。用户点击 banner 广告后往往会直接跳转到应用商城或者广告主的落地详情页。相比于其他广告形式，banner 广告转化率低，成本也相对较低，至今仍是备受广告主欢迎的广告形式。

2. 开屏广告

开屏广告往往是在用户打开 App 之后看到的全屏广告。这种广告一般驻留 3~5 秒，用户可选择跳过或者等待。由于用户覆盖面广、曝光量大，这种广告也是全部广告类型中价格最高的形式之一，一般主流媒体渠道都接入了这种广告形式（微信除外），多数用于产品的宣传。

3. 插屏广告

插屏广告是在用户进入 App 的某些特定页面之后，主动弹出的悬浮广告。这种广告往往不会自动消失，需要用户在等待数秒后点击按钮自行关闭，因此也是一种价格相对较高的广告类型。

4. 激励广告

激励广告一般将广告内容融入游戏场景，通过一些奖励引导用户浏览广告及转化。这种广告形式以视频广告为主，通过播放 15~30 秒的游戏视频，吸引观看者点击进入广告落地页。此类广告的载体是视频，在买量模式发展的初期，往往以游戏实录视频配合宣传文案，做到"所见即所得"。近几年，随着优质游戏越来越多，发行商们也逐渐在视频广告中插入短剧情吸引观看者，甚至将广告做成连载形式，将故事与游戏玩法联动，让观看者产生强烈的欲望来下载游戏。

另外，当前还有一个趋势是在视频的基础上增加一些交互玩法，一些轻度休闲游戏的发行商直接将一部分游戏玩法嵌到广告中，使用户可以先体验玩法，然后下载游戏，完成从展示广告到激活用户的平滑过渡。

5. 信息流广告

信息流广告是基于广告平台的原生内容，以同类型内容流的方式展现的广告，在资讯、社交、视频类 App 中最为常见。信息流广告往往具有原生化、个性化的特点，此类广告在呈现的时候，既不会打断用户原本的 App 使用体验，又能根据用户的标签进行个性化的推送。因此，信息流广告是当前游戏买量最重要的方式之一。

6. 搜索广告

搜索广告是当用户在搜索某关键词时，在搜索结果中展示的广告。区别于主动展示的信息流广告，搜索广告只有在用户搜索的关键词与广告主设置的关键词相匹配时才会展示，也正因为此，搜索广告能够实现较为精准的投放。

9.2.3 买量中的重要指标

那么在游戏买量中，有哪些相关的重要指标呢？ 以下列出一些指标，供读者参考。

CPT（Cost Per Time）：时间段成本，即买断一段广告展示时间所需要的成本。

CPM（Cost Per Mille）：千次展示成本，一般来说，单次广告展示的成本过低，不方便后续进行计算和对比，因此往往用千次展示成本（总成本÷总展示数量×1000）来表示一段时间里广告主在某展示位的成本。

CPC（Cost Per Click）：点击成本，即每获得一次点击，广告主所付出的成本。

CTR（Click Through Rate）：点击率，即总点击数/总展示数，一般用来反映用户对该广告感兴趣的程度。点击率越高，说明用户对广告的兴趣越大，广告的投放越精准，效果也越好。

CVR（Conversion Rate）：转化率，用户从点击广告到成为一个有效的游戏用户的转化率。

CPA（Cost Per Action）：行动成本，用户在 App 中产生约定行为的成本，约定行为包括注册、下载、安装、创建角色等。

CPD（Cost Per Download）：下载成本，用户平均每次下载游戏广告主所付出的成本。

CPI（Cost Per Install）：安装成本，用户平均每次安装游戏广告主所付出的成本。

CPR（Cost Per Register）：注册成本，用户平均每次注册广告主所付出的成本。

CPP（Cost Per Purchase）：付费用户成本，广告主每获得一个付费用户所付出的成本。

新增留存率：第 n 日留存用户数/新增用户数，常用于反映新用户的黏性。

LTV（Life Time Value）：用户生命周期总价值，也即用户在生命周期内为该游戏创造的收入总值。不过一般来说，我们较常使用的是 n 日平均 LTV，即新增用户的 n 日累计充值总额除以新增用户数。

仅了解游戏买量过程中的这些重要指标远远不够，还要将媒体渠道端的数据与产品端的数据结合起来，分析不同渠道的用户质量，提升买量效果。

9.3　买量数据分析

游戏买量是一个全链路环环相扣的过程，从用户看到广告，点击广告并下载游戏，到安装并启动游戏，再到在游戏中产生前期行为，留存下来成为长期用户，每一个环节都像一个漏斗一样在过滤用户。因此，关于游戏买量的数据分析也围绕以上环节展开。

9.3.1　买量数据分析的前提——打通全链路数据

如果把一款好的产品比作一个牢固的水桶，优质的买量渠道就好像源源不断往里注入清水的水龙头。水流大，说明这个渠道流量大，利于快速采量；水质清澈，说明渠道用户的质量好，进来的用户留存意愿高，付费能力强。如果在多个渠道同时买量，要想通过数据分析实现游戏买量效果的最大化，前提就是打通从采量到变现的全链路数据。

那么，究竟要打通哪些数据呢？首先我们要了解到底有什么数据。这里把通过买量获取的用户所产生的数据大致分为两类：用户被激活前的营销数据和用户被激活后的行为数据。所谓用户被激活前的营销数据，简单地说就是用户在进入游戏前所产生的数据，如广告点击数、广告曝光量、安装包下载量等。而用户被激活后的行为数据，则包括用户在游戏中产生的一切数据，如新增用户数、活跃用户数、留存率、付费率等。由于游戏类型不同，盈利模式也会分为 IAA（应用内广告，广告变现的一种模式）和 IAP（应用内付费）。对于一些纯广告变现的游戏，可能还涉及一些第三方广告平台的变现数据。

如果只有用户被激活前的营销数据，那么我们仅能知道从哪些渠道获得的流量更多，或者相同类型的广告位，哪一个具体的广告素材更加吸量；对于从这个渠道所获取的用户的质量，则一无所知，因为用户从媒体渠道进入游戏之后的数据是缺失的。反之，如果只有用户被激活后的行为数据，我们就只能做到对游戏当前的玩法和营收能力心中有数，却无法用这些数据指导后续的买量工作，分辨究竟应该在哪些渠道加大买量力度，提升买量效果。

因此，打通用户被激活前后的全链路数据就显得尤为关键。将营销端数据与用户行为数据结合起来分析，带来的好处是显而易见的：可以基于用户的留存情况与付费能力佐证买量效果，并利用现有用户的标签来改进买量计划。要达到这一目标，最重要的是实现用户的归因，即让游戏发行商知道产生行为的这些用户究竟来自哪些渠道、哪次广告计划，甚至具体来自哪个广告 ID。

9.3.2 投放端——获得高质量用户

过去国内的游戏市场竞争小、用户质量高、买量成本低，因此使用粗放型广告投放方式就能快速抢占市场，获得巨大的收益。而游戏行业发展至今日，市场存量化竞争加剧，新游戏上线时的买量成本越来越高，流量越来越贵，粗放型买量对如今的游戏发行商来说，早已不再适用，精细化买量成为当今游戏买量的大势所趋。

那么，究竟如何做到精细化买量？可以遵循以下 3 条原则。

1. 制作用户画像，精准投放广告

游戏买量的本质，是在流量的汪洋大海中设法获取用户。流量池里有各种类型的用户，他们喜欢的游戏类型不一样。作为广告主，游戏发行商一定不希望花钱买了流量，结果带来的用户与游戏不匹配。虽然近些年来，主流的广告投放平台陆续支持 oCPX 的买量方式[1]，以这种

1　oCPX 是一种能够基于投放目标和出价效果，自动优化并持续提高广告效率和效果的投放方式，常见的 oCPX 有 oCPC、oCPM 等方式，其本质依然是 CPC、CPM 的出价方式。

方式买来的流量带来的都是高质量、高匹配度的用户，但仅凭这种方式获取的用户数量非常有限，而且因为不同平台的推荐算法不同，广告主还需要对自己游戏的核心用户人群特征了如指掌。

游戏在正式推广之前，往往会进行多次测试。此阶段可以从游戏发行商的自有流量或通过游戏官网的自传播获得种子用户，记录其游戏行为数据，还可以以调查问卷或者电话访谈的形式获知这些用户所在的地域、职业、兴趣爱好、收入水平等，这样就能获取最初的用户画像数据。

接下来，根据用户在游戏中实际产生的行为对用户分层，以确定不同层级用户的大体画像。例如，对游戏的黏性高、付费金额高的用户，可以把他们划为核心层；而黏性一般、付费金额一般的用户，则可以划为第二级层；接下来的是外围层用户。分析核心用户的画像信息可以为后续的大规模买量提供最重要的定向依据。

当然，要获取核心用户画像，还有了解竞品用户的相关特征、研究第三方发布的调查报告等诸多方法，这里不一一展开阐述。

用户画像还可以为制作广告素材提供灵感。例如，核心用户平均年龄为 18~30 岁的游戏，就可以在广告素材中加入一些鬼畜元素；核心用户平均年龄为 25~35 岁的游戏，就可以在广告素材中加入一些有年代感的元素。

2. 拆解流程，提升转化率

首先明确一点，这里要说的转化并不单纯指用户完成创建角色（创角）或者完成付费的这种转化，从点击广告到下载游戏、激活游戏，用户从一个步骤进入下一个步骤都是一种转化。我们往往用相邻步骤的完成人数相除得到的转化率来表示用户的转化情况。比如，广告点击数除以广告展示数就是点击转化率，游戏下载数除以广告点击数就是下载转化率。那么，如果拆解从用户看到广告到下载及安装游戏，再到进入游戏发生行为的全过程，就会发现整个转化过程分为两个阶段：第一个阶段为用户在媒体端的转化，也就是从用户看到广告到进入产品落地页或者进入应用商店下载游戏的过程；第二个阶段则是用户在产品端的转化，也就是从用户激活设备，到在游戏内完成创角、登录、付费等一系列行为的过程。

虽然不可否认，游戏产品的 logo、落地页的介绍文案、游戏的宣传视频等都是用户在媒体端能否转化的重要因素，但是对于普通用户来说，从看到广告到决定点击，最重要的影响因素就是广告素材的质量。广告投放优化师可能有 80% 的时间都是在和广告素材打交道。那么，一条转化率高的广告都有哪些特点呢？

首先是内容，广告本质上就是和用户的一次互动，无论是静态的 banner 广告，还是动态的视频广告，都需要在极短的时间内抓住用户的眼球，引起用户对于游戏本身的兴趣。近年来，广告素材已经开始从单向突出主题，朝着趣味性方向发展。只有在广告素材中加入创新的想法，寻找带有趣味性的广告素材模式，才能获得较高的广告点击转化率，进而获取更多的用户。

其次是形式，随着互联网的发展，越来越多的新兴媒体成为流量主，而每个流量主都有对应的最适合的广告形式。例如，我们在刷微博的时候经常能看到一些与普通微博内容完全一致的广告形式，这种属于信息流广告，它不会打断用户对产品的正常使用，广告的展示显得自然与平滑，不突兀。在短视频平台买量的广告主可以选择以短视频作为广告形式。近年来，很多媒体渠道都支持可以互动的广告形式，在广告中用户就能体验游戏的一些核心玩法，使广告从单向输出变成了双向互动，点击转化率大大提升。因此，在实际投放广告的时候，不仅要查看不同素材广告的转化效果，也要查看不同广告形式的转化效果和用户数据，对效果更好的广告形式加大投放力度。

3. 筛选渠道，识别假量

精细化买量的第 3 条原则是识别假量。什么是假量？假量就是指一些渠道或者工作室通过非正常手段制造出来的虚假流量，给买量方营造流量多、点击量多以及转化率高的假象，以此获取更多的收入。很多广告主为了在游戏推广期快速抢占市场，或者由于整体预算有限，就会采集一些非头部渠道的流量（这里特指 DSP[1]以及一些长尾渠道的流量）。

一般来说，常见的假量有以下两种形式：

1　DSP（Demand-Side Platform，需求方平台）可以聚合互联网上的多种广告资源，并提供统一的接口由广告主管理，使广告主不再需要与广告资源方一一单独对接。

- 脚本假量：是指通过在计算机上运行批量模拟脚本，不断更换设备 ID、机型、IP 地址等信息来模拟正常用户而制造出来的假量。这种假量由于其行为僵化，而且 IP 地址、设备 ID 大量趋同，因此比较容易判断和识别。

- 真实设备假量：一般是一些工作室通过养猫池、设备农场、拦截"肉鸡"刷广告等形式制造出来的。与脚本假量相比，这种假量来自于完全真实的设备，而且不会集中于某个特定 IP 地址，因此较难防范。

可以根据以下两个层面的信息来识别假量。

（1）物理层面。

通过批量模拟脚本获得的流量需要高度模拟正常用户，因此要投入高昂的成本（设备、IP 地址）。普通工作室会想尽办法节约制假成本，因此对这种假量可以从物理层面来识别，比如：

① 一台设备（对应一个设备 ID）上存在多个账号 ID。

② 一个 IP 地址对应了多个设备 ID。

③ 某些设备 ID 或者 IP 地址上出现了异常的游戏转化行为（创角/登录）。

④ 设备的品牌或者型号趋同。

（2）行为层面。

无论是脚本假量还是真实设备假量，这些流量往往是带着明确的目的进入游戏的，如完成特定转化行为之后便退出。对于这些行为特征，可以通过多种信息来识别，比如：

① 特定时段内在线人数存在异常波动。

② 单次在线时长大量趋同。

③ 特定行为之间的时间间隔大量趋同（完成新手引导的特定步骤的时间、前期通过关卡的时间）。

④ 用户留存数据存在异常，特别是长线留存率有断崖式下滑。

为了尽早发现和跟进渠道假量，应该全面标识流量信息。所谓全面标识，就是尽可能全面地采集用户数据，例如：IP 地址、设备型号、操作系统、网络类型、系统语言、屏幕分辨率等，只有掌握了全面的信息，才能从各个角度发现问题。比如，某游戏发行商就曾根据某渠道的流量中有 75%用的设备都是 iPhone 5c，进而发现该渠道各方面的数据都不如平均水平，最终查出这一渠道存在工作室刷量的情况。

除此以外，还要多从用户行为的角度排查问题。工作室刷量目前已经能够做到随意切换 IP 地址、设备 ID，从物理层面已经很难排查出全部假量。但是，从用户行为的角度来看，仍然有迹可循，关键是要基于数据发现那些假量的马脚。例如，很多游戏都有关卡战斗评分的机制，由于个人操作水平不同，用户在某场战斗中的评分应服从正态分布，但如果某一批用户的战斗评分大量趋同，则有可能是工作室通过批量运行脚本生成的"假用户"。

最后再提一点，当前很多游戏发行商在识别假量方面已经做到了自动化、体系化，毕竟人工筛选总会有所遗漏。通过人工智能算法，根据基于游戏自身定义的大量标准，给符合其中任意一条标准的用户添加适当的权重标识，再将达到一定权重分数的用户标识为假量，这样就能更准确地识别假量且不会"误伤"真实用户。

9.3.3　产品端——让用户留下来

随着国内移动互联网流量从增量市场逐渐变为存量市场，越来越多的游戏厂商发现仅仅通过大规模买量来扩大用户池已经远远不够，维护好已经流入的用户，在前期最大限度防止用户流失，提升留存率，是游戏在推广期的重中之重。

对于游戏的新增用户，考察其留存状态的最核心的指标就是新增用户留存率，通常用新增用户次留率（次日留存率）、新增用户三留率（3 日留存率）和新增用户七留率（7 日留存率）来评估用户的留存意愿。计算公式为：

$$第\ n\ 日的活跃用户数 \div 新增用户数 \times 100\%$$

对于产品端的优化，就要从降低用户流失率和提升用户留存率两个层面着手，也即减少用户的负面反馈和增加用户的正面反馈。

1. 降低用户流失率

对于新用户的流失，可以从两个维度来分析：一个是完成新手引导前的用户流失，另一个是完成新手引导后的用户流失。对于前者，需要从转化过程本身出发，寻找用户流失的原因；而对于后者，则应先分析用户本身的行为特征，进而推断其流失的原因。

在分析流失用户之前，有必要厘清一个概念——究竟什么样的用户才算是流失的用户？是1日未登录、7日未登录，还是30日未登录？这个未登录时间如果设置得过短，会错误地将正常用户计算进来，影响对流失用户画像的分析；而设置得过长，则不利于及时掌握用户的流失情况。所以，确定一个合理的流失周期，并以该周期定义流失用户是关键。

在不同的算法中，流失周期有不一样的定义。比如，在经典的拐点理论中，首先要搭建用户回访率模型（用户回访率 = 回访用户数÷流失用户数×100%），再定位该模型中回访率曲线由陡转平的拐点，该拐点所对应的时间即为流失周期，如图9.1所示。

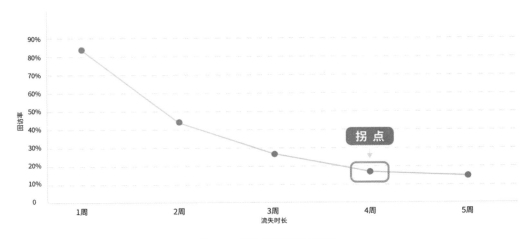

图 9.1 流失用户回访率曲线

另一种方法则是根据新增用户在第 n 日仍未回归游戏来搭建用户流失率模型的。在该模型中流失率曲线由陡转平的拐点所对应的时间即为流失周期，实际代表的业务含义是：在这一日之后，用户的回归率将达到一个无限趋近于某个常数的稳态，此后回归的用户数将无限趋近于0，如图 9.2 所示。

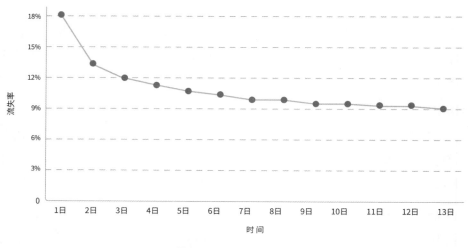

图 9.2　用户流失率曲线

对于完成新手引导转化流程前的流失用户分析，最重要的就是拆解从用户激活游戏到完成新手引导前的每一个环节（步骤），采集用户在每一个环节的行为数据，搭建转化率漏斗，查看各个环节的转化中用户流失数是否在合理区间内，如果偏差过大，则及时调整新手引导流程。

主要采集用户在以下环节的数据：激活应用、初始化 SDK、实名认证、注册账号、选择服务器、加载资源、完成创角、完成新手引导及后续的主线任务引导（包括抽卡引导及功能解锁等），如图 9.3 所示。

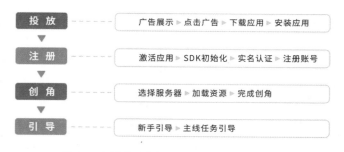

图 9.3　拆分从广告展示到主线任务引导的步骤

实名认证是游戏前期最容易发生用户流失的环节，但该环节的用户流失不可避免，因此不在我们的考虑范围之内。在其他环节，用户也会因为各种原因而流失，特别是进入新手引导环节之后，如果流程不顺畅或者关卡难度过高，都会导致用户产生负面反馈而大量流失。接下来就需要我们反复体验游戏，猜想用户流失的可能原因，思考是否可以通过优化游戏体验来避免或者最大限度减少用户流失。

在图 9.3 所示的各个环节中，可能导致用户流失的因素包括如下几种：

① 账号注册流程不通畅。

② 资源加载时间过长，产生卡顿，影响用户体验。

③ 服务器指引不到位。

④ 新手引导的前期指引不明确。

⑤ 新手引导的关卡难度过高。

从整体而言，在完成新手引导前发生的用户流失，往往和游戏核心玩法的关系不大，主要是前期的程序逻辑及新手引导本身的设置不合理造成的。虽然在测试阶段对这两部分内容一般都会在小范围用户中做测试，但游戏在推广期与在测试期不同，面对的用户群更大，用户体量和反馈是测试期无法比拟的，因此及时发现并解决问题，是提升用户转化率的关键。

对于完成新手引导后的用户，如何分析其流失的原因？用户完成新手引导后，脱离了线性场景，对每个游戏模块的负面体验都可能导致其流失，因此需要运用更全面的分析方法来探究流失原因。

（1）从宏观分析到多维度对比分析。

很多分析师在拿到分析流失用户的课题之后，可能仅仅对一些基础指标进行拆分，如流失用户的等级分布、流失用户驻留的关卡分布等，希望以这些用户属性特征来反映用户流失前的状态。但这些分析还不够全面，孤立的指标很难精确定位用户流失的真正原因，从宏观分析切换为多维度对比分析，能更加准确地还原用户流失前的状态，洞察用户流失的可能原因。而在这个过程中，需持续进行假设—探究—验证—优化的过程。

首先是假设。应找到尽可能多的用户在游戏中的基础特征，如等级、关卡、社交、资源等情况，建立用户流失原因与上述基础特征之间的关联关系，找出要探究的问题。

其次是探究。对于所列出的用户基础特征，由宏观到微观进行拆解，以求更精准地找出能科学反映用户流失状态的相关指标，比如：

- 用户等级：等级分布、等级通过率的分布、等级停滞率的分布等。
- 主线关卡：流失用户驻留关卡分布、相邻关卡的通关间隔分布、不同关卡的挑战次数分布等。
- 任务与活动：活动参与率、任务达成率等。
- 资源：资源存量、资源消耗量、资源获得量等。
- 抽卡：各类型抽卡的次数分布、首抽获得的英雄卡牌的分布、首次获得的极品装备的分布等。
- 其他特征：在线时长、页面停留时长等。

这些数据在实际分析过程中未必都会用到，但是任何一个场景的负面体验都可能是导致用户流失的直接或者间接原因，因此我们需要尽可能详细地了解用户前期所体验的每个游戏环节及产生的数据。

比如，探究用户流失与主线关卡之间关系时，需要先查看首日流失用户驻留的关卡分布，如图 9.4 所示。

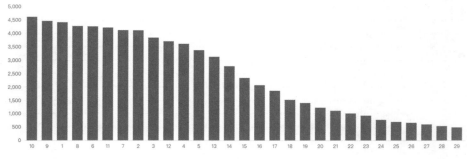

图 9.4 首日流失用户驻留关卡的分布

从图 9.4 中可以看到，关卡之间并没有非常明显的用户断层，这说明用户流失并非因为其在前面的关卡中遇到了阻碍。接下来，运用多维度分析的方法，用更细分的指标来探究流失用户在关卡上的表现，如图 9.5 与图 9.6 所示。图 9.5 反映的是流失用户在不同关卡上的人均战斗次数，图 9.6 反映的是流失用户在通过各关卡时的时间消耗情况。

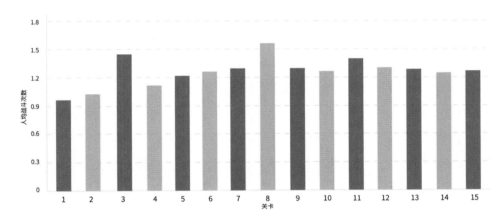

图 9.5　流失用户在不同关卡上的人均战斗次数

关卡ID	用户数	间隔数	平均值	最小值	下四分位	中位数
1	116,666	116,007次	19分41秒	24秒	1分40秒	2分19秒
2	112,948	112,937次	20分6秒	23秒	1分39秒	2分18秒
3	109,187	110,328次	24分19秒	24秒	1分41秒	3分20秒
4	105,599	108,087次	21分15秒	22秒	1分40秒	2分19秒
5	102,470	106,246次	22分15秒	23秒	1分42秒	2分22秒
6	98,495	102,572次	27分52秒	23秒	1分49秒	2分38秒
7	94,593	98,476次	30分8秒	19秒	1分55秒	3分
8	90,340	94,191次	42分39秒	19秒	1分54秒	4分38秒
9	85,840	89,819次	37分7秒	19秒	1分56秒	3分4秒
10	80,648	84,658次	42分31秒	21秒	2分	3分18秒
11	76,002	80,212次	45分12秒	19秒	1分59秒	3分21秒

图 9.6　流失用户在不同关卡上所消耗的时间

通过以上数据，可以发现第 3 关与第 8 关的人均战斗次数与驻留时长，相对于其他关卡而言有明显的异常，需要进一步弄清楚异常是否真实以及出现异常的原因。

接下来就是验证过程。如果采用 TE 系统的话，游戏测试人员可以从其中拉取相关的数据分析图表，运行游戏运营流程来做测试，以验证异常的真实性。当然，还可以对外部用户以用户访谈的形式进行调研，得到最终的结论。

准确定位用户流失的原因之后，还需要找研发人员对游戏产品进行优化，并且用真实的数据来验证所做的优化是否有效。

（2）从群体行为路径到个体行为明细。

区别于上述不断通过假设—验证的方式来精确定位用户流失原因，根据宏观用户行为路径来定位流失原因是不太精确，但是容易判断用户流失范围的方法。

具体方法为：确定首日流失用户在游戏内的行为路径，找到用户流失前所体验的最后一个玩法，再基于该玩法定位用户的细分行为路径，一步步找到可能产生问题的节点。

当然，首先要明确的是，用户在流失前的末次行为未必就是导致其流失的最直接原因，但如果用户的末次行为在某个具体玩法上出现大量重合，就有理由怀疑该玩法直接或者间接导致了用户的流失。追踪这一线索，不断尝试与验证，或许能从另一个角度发现用户流失的原因。

在 TE 系统中查看用户流失路径，如图 9.7 所示。

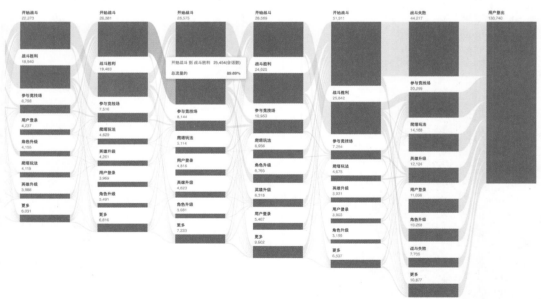

图 9.7　用户流失路径

然后，查看用户末次行为的分布，如图 9.8 所示。

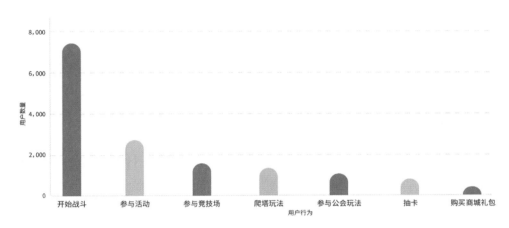

图 9.8　用户末次行为的分布

为了能实现最细粒度的追踪，在必要的情况下，应在某些场景内加大埋点力度，使每个按钮的点击、每个页面的展示都留下日志，方便追踪用户的行为。

如果说追踪群体的行为路径得到的信息相对有限的话，那么有时候也需要选择一些首日流失的用户作为典型，分析个体明细数据，以挖掘在群体行为分析中不容易发现的盲点。

2. 提升用户留存率

只要能把有可能导致用户流失的点一一剔除，用户就可能留存下来成为长期用户吗？其实不然，哪怕游戏本身没有什么问题，用户也可能因为游戏体验与其预期不符、市面上的同期游戏产品中有更好的选择等而流失。

这时就需要通过增加用户的正面反馈来刺激用户活跃起来，提高新增用户的留存率，可以考虑以下 4 点。

（1）核心玩法前置。

新手引导往往是游戏中必不可少的模块，能起到教育用户的作用。但是，对于广大普通用户来说，刚刚进入游戏就要忍受冗长的学习过程，无疑是对耐心的一种消耗。这里的核心玩法前置，一方面是指减少新手引导的线性场景，将主动权还给用户，让他们能够快速体验游戏的核心玩法；而另一方面，则是指游戏研发人员有意识地在新手引导中加入高级玩法的体验环节，例如首场战斗就允许用户体验一些高级英雄角色与高级技能。

核心玩法前置，可以让用户在失去耐心前体验到游戏最核心的玩法及亮点，使用户持续驻留，增加其成为长期用户的概率。

（2）优化奖励机制。

游戏的本质其实就是让用户在提升能力与遭遇挑战之间达到一种微妙的动态平衡状态。在达成平衡的过程中，奖励的设置非常重要。它既是对用户付出努力的一种认可，也能让用户对后续的挑战产生期待。因此，游戏研发人员应特别注意，要让游戏前期的奖励吸引用户。

（3）合理利用活动。

当前大多数游戏在上线初期便会同时上线多种类型的活动，无论活动的目的是提升付费率还是活跃度，其本质都是吸引用户付出成本。而当用户在游戏中投入了一定数量的沉没成本之后，就很容易成为游戏的长期留存用户。

（4）通过留存用户画像反推关键行为。

这一点可以说是上面 3 点的总结或者延伸。不妨换个角度思考一下，留存用户在创角首日都具备怎样的特征？例如，新增次留用户在等级或者驻留关卡上是否有明显的特征？留存用户在新增首日都抽到了什么类型的英雄角色？从海量属性中找出留存用户的一些共同特征之后，就可以把促进用户在新增首日便达成这些目标作为运营工作的重点。

9.3.4　数据分析驱动买量效率提升

虽然与买量相关的数据非常多，但最重要的指标只有两个：新增用户数与 LTV。前者代表该渠道能否带来足够大的用户量，后者代表从该渠道购买的流量质量（即用户的留存率和付费率是否高），二者均影响买量能否回本。

如果进来的用户量少（也就是俗称的"不起量"），则可以通过用户归因了解从每个渠道、买量计划、广告组或者广告 ID 所进来的用户数，继而找出到底是哪个买量环节存在问题。

- 如果广告曝光量本身就少，说明该买量计划出价低，那么可以适当提高出价或者改为自动出价。
- 如果广告曝光量多，但点击量少，说明买量计划本身有效，但因为广告素材的创意和匹配度有问题，导致广告点击转化率较低，因此可适当调整广告素材。
- 如果广告曝光量多，点击量也多，但新增用户数低于转化目标，说明转化率有问题，可排查落地页的跳转是否流畅，以及用户定位是否精准。
- 如果已经提高出价，广告曝光量依然不见起色，则考虑将该买量计划作废或者更换渠道。

对于新用户 LTV，也应从多个角度来分析。由于不同游戏的预估回本周期有一定区别，我们往往会将新增用户在后续 N 日的 LTV 作为评价该渠道用户质量的依据。假设购买一个转化用户的费用为 50 元，那么首日 LTV 应尽量达到 10 元及以上，7 日 LTV 应达到 20 元及以上。回到问题本身，如果 LTV 达不到指定的标准，就要考虑产品付费点的设置及运营活动是否合理，同时也要多对比几个买量计划及渠道，看看 LTV 较低到底是渠道中的个例还是普遍存在的情况。另外，要从用户定位的角度来思考，对比几个渠道的用户 LTV，分析这些渠道在用户画像上的差异，进而分析 LTV 低的买量计划在用户定位方面是否出现了偏差。

当然，在分析买量用户 LTV 的时候，还应该关注买量的成本，如果通过优化用户定位的方式使买量用户 LTV 有所提升，但是买量成本也有较大幅度的增长的话，明显得不偿失。因此，不能仅从 LTV 的角度分析买量效果，应在综合考虑留存率及控制成本的基础上尽量提升用户 LTV。

接下来，我们从几个实际场景出发，介绍如何利用数据分析提升买量效率。

场景一：判断渠道/买量计划的质量

买量的核心目的之一就是为游戏带来流量。通过分析游戏的买量数据，我们可以优化买量流程，筛选买量渠道，以此获取更多的优质用户。

对于买量渠道的质量，应重点考查三个方面：用户数、营收能力和用户黏性。

用户数指的是该渠道所能带来的新增用户数，反映了渠道的带量能力，而带量能力是由该渠道带来的广告曝光量、点击量以及点击转化率来决定的。如果最后的广告曝光量少，则一方面与渠道本身的质量有关，另一方面可能也与我们设定的出价有关，有可能目前的出价较低，没有竞争力，因此渠道无法提供更多的曝光量，达不到我们预期的效果。还有一种可能是该渠道的用户与游戏的用户画像不太匹配，此时应考虑提高出价或者直接更换渠道。而如果广告点击率较低，可能是广告素材出了问题，无法吸引用户，此时应多尝试一些广告素材，进行几轮A/B测试，留下转化效果更好的广告素材。

接下来是渠道的营收能力，我们一般用渠道ROAS（Return-On-Ad-Spend）作为衡量渠道营收能力的唯一标准。很多游戏发行商也将ROAS称为ROI，其实两者的概念有一定的区别。ROI是Return On Investment（投资回报率）的缩写，指广告的回报和成本之比。这里的成本，除了买量成本之外，还包括游戏的人力成本、服务器成本等；而ROAS的定义则是目标广告的支出回报率，即总营收÷广告支出×100%。当ROAS>1时，说明广告成本已经完全回收，得到的是纯利润。因此，渠道质量越高，ROAS达到1的时间越短。

最后则是用户黏性。判断用户黏性的指标比较多，最核心、最常用的指标有：留存率（次留/3留/7留/15留/30留）、人均日在线时长、登录天数分布（7日/15日/30日）、日登录新老用户占比等。

判断一个渠道是否适合继续投放广告，并没有唯一的标准。如果某渠道营收能力较强，但用户数量较少，我们通常会增加投入成本以增加广告曝光量，而这样又会导致回本周期延长。因此，应综合考量用户数、营收能力和用户黏性等三方面的情况之后，再判断是否值得继续在该渠道投放广告。假设有a、b、c三个渠道，某游戏在这三个渠道都投放了广告，各项数据指标如表9.1所示。

表9.1　某游戏在a、b、c三个渠道投放广告后的基础数据对比

渠　　道	新增用户数	平均次留率	平均7留率	1日ROAS	7日ROAS
a	2235	36.44%	5.73%	23.71%	38.46%

渠　　道	新增用户数	平均次留率	平均 7 留率	1 日 ROAS	7 日 ROAS
b	258	40.48%	7.28%	30.65%	65.48%
c	1266	32.52%	12.65%	26.47%	41.63%

通过对比，可以发现 a 渠道虽然新增用户数较多，用户留存率较高，但营收能力一般。b 渠道营收能力较强，回本周期较短，但新增用户数相比前者少了很多。而 c 渠道的用户质量和营收能力都处于中间水平，但用户黏性最强（平均 7 留率最高），说明其与游戏的用户画像最匹配，有更大的潜力。因此，在接下来的买量计划中，更优质的资源应向 c 渠道倾斜。

场景二：预估回本周期

在买量时，往往会预设一个大致的回本周期，以评估买量的回本情况。有没有一个合理的方式能够预估买量的回本周期呢？我们在这里介绍两种方法。

（1）基于市面上类似的产品预估回本周期。不同的游戏类型，回本周期大不一样。比如，轻度休闲类游戏及小游戏一般上手简单，玩法单一，用户生命周期较短，在长线留存率不高的情况下，回本周期设定为 1~2 周比较合适；对于高留存率的休闲类游戏，回本周期可以适当放长，中重度游戏提供了较长的养成线路和较多的玩法选择，长线留存率的衰减较慢，因此可设定回本周期为 3~6 周。

（2）基于测试数据预估回本周期。先来看一款游戏在付费测试时的回本情况，表 9.2 中展示的均为 ROAS 数据。

表 9.2　某游戏付费测试时的回本情况（ROAS 数据）

日期	1 日	2 日	3 日	4 日	7 日	10 日	15 日	20 日	30 日
9 月 15 日	29.44%	48.03%	55.30%	58.30%	70.12%	82.11%	89.15%	93.31%	105.23%
9 月 16 日	21.22%	23.68%	36.48%	39.56%	45.35%	52.79%	60.78%	77.48%	89.23%
9 月 17 日	15.34%	17.76%	26.55%	27.52%	30.23%	33.64%	41.76%	43.87%	58.28%
9 月 18 日	26.48%	32.68%	37.65%	39.88%	42.78%	61.27%	70.44%	90.55%	92.33%
9 月 19 日	20.80%	26.58%	28.33%	31.62%	35.63%	44.36%	58.43%	58.80%	61.16%

日期	1 日	2 日	3 日	4 日	7 日	10 日	15 日	20 日	30 日
9 月 20 日	17.74%	21.54%	41.40%	42.84%	45.54%	47.74%	55.84%	55.84%	55.84%
9 月 21 日	30.65%	40.40%	51.23%	58.63%	60.35%	60.35%	63.37%	68.57%	72.89%
9 月 22 日	23.10%	30.10%	39.56%	42.62%	47.14%	54.61%	62.82%	69.77%	76.42%

从表 9.2 中的数据可以看出，该游戏首日的平均 ROAS 能达到 25%，7 日的平均 ROAS 能达到 50%，对于一款中度游戏来说已经是不错的成绩。不过再往后由于留存的用户减少，ROAS 的增长开始变得乏力，15 日的平均 ROAS、30 日的平均 ROAS 分别为 65% 和 80%。那么可以大致推断这款游戏以 45 天为回本周期，并且可以根据这个时间来推断后续买量的回本情况。

9.4 总结

本章从买量的基础概念入手，介绍了什么是游戏买量、买量的不同阶段，并分别从投放端和产品端的角度讲解了如何利用数据思维提升买量效果。每个指标的变化都有其内在原因，基于业务逻辑寻找指标变化的原因，而非凭主观猜测得出结论，在工作中逐渐建立数据思维框架，才能实现业务增长。

第 10 章

活动运营单元

前面的章节介绍了游戏在启动阶段的核心工作。第 8 章阐述了如何结合内测用户在游戏内的表现，验证游戏的玩法、美术及数值设定是否符合策划游戏时的预期，第 9 章重点介绍了游戏在推广期的买量工作。本章将结合常见的游戏数据分析场景，讲解在活动运营中常用的指标和分析方法。

10.1 概述

活动运营贯穿于游戏生命周期中的大部分阶段，无论是在游戏上线初期，还是在游戏已经具备较大用户量的成熟期，一次好的活动都能带来不错的收益。本节将从价值和类型两个维度，对活动运营进行概述。

1. 活动运营的价值

随着用户基数的增长，游戏运营工作的重心逐渐从监控游戏整体的健康度，转移至优化设计与执行运营活动上。通常，影响用户游戏体验的因素可以分为两类：一类是玩法设计、美术、数值设计等，这一类因素决定了游戏的市场定位和游戏内的核心规则，通常不会频繁变动；另一类是运营活动，在不同时期开展不同的重点运营活动，可以影响用户在游戏内的行为。

从商业角度来说，游戏的目标是获取更多的用户，获得更高的收益。要达成这一目标，活动的运营是非常好的切入点。运营团队可以结合游戏运营核心规则的特点，以及市场、用户特征的变化，设计与策划不同类型的活动，以提升游戏的整体质量、用户数量、品牌影响力等。

2. 活动的类型

由于不同阶段的运营目标不同，活动的类型会有所差异。游戏运营人员要针对活动的流程和特点，定义相关的关键指标，并在活动结束后根据指标评估活动的效果。

常见的活动通常有：增加用户量的拉新类活动，提升用户游戏时长的活跃类活动，提升用户体验的充值类活动，加速经济系统中资源流转与消耗的消耗类活动，对流失用户定向开展的召回类活动等。不同类型的活动，其目标和关注的指标也会不同。

其中，拉新类活动的核心目标是增加游戏应用的安装数、注册用户数或创建角色数，此类活动存在清晰的线性流程，因此一般使用漏斗分析模型来查看活动中每个关键节点的用户转化情况。活跃类活动的核心目标则是增加用户的登录时长和频次，我们可以通过相关指标数值的分布来判断用户活跃度的变化趋势。充值类活动重点关注付费率和充值金额，可以使用 TE 系统的事件分析功能中的指标来进行评估。对于消耗类活动，可以通过观察金币、钻石等资源在不同渠道、不同时间段的消耗量变化，来判断游戏内经济系统中资源的消耗量是否增加。召回类活动则通常以流失用户的回流率为切入点，结合用户回流后的行为评估活动的效果。

10.2 活动效果的数据论证

不管策划和执行什么类型的活动，都需要分析活动中遇到的问题，评估与总结活动的效果。虽然问题不尽相同，但背后的解决思路和数据工具的使用方法大同小异。在用数据论证活动效果时，除了关注核心指标，还要避免掉入指标看起来有明显提升，而实际上暗藏其他异常数据表现的"陷阱"。接下来，我们将以一个简单的充值类活动为例，说明如何用数据论证活动的效果。

10.2.1　问题的拆解

假定某游戏的运营团队计划在一段时间内，通过一组首充礼包来吸引零氪用户付费，也就是"破冰付费"活动。评估此活动的效果，就是要回答这样的问题：

本次"破冰付费"活动的效果如何？

首先我们要按照一定的逻辑，将这个抽象的问题拆解为多个具象、可量化分析的问题，然后提出猜想，再以数据作为依据进行论证，最终回答问题。一般按照以下步骤对抽象问题进行拆解，为下一步的数据论证做准备：

（1）描述游戏当前的基础数据，阐述指标的既有事实，比如指标的数据是否出现变化，变化的趋势与幅度如何等。

（2）说明指标之间的逻辑关系，初步解释指标的数据变化的原因。

（3）结合业务要素对数据进行下钻分析，提出猜想并进行论证。

（4）总结与问题相关指标的数据，并结合执行过程中的其他信息对活动复盘。复盘的过程和最终的结论都将为下一次策划活动提供参考和依据。

评估活动的效果时，也要评估活动对用户行为的影响，而这种影响可以分为积极的和消极的两个方面。对于本案例中活动带来的积极影响，主要可以考虑以下问题：

- 付费渗透率的变化是否符合预期？
- 礼包购买率是否符合预期？
- 购买礼包人群的用户画像是否符合预期？

在本案例中，对于活动可能造成的消极影响，则要考虑以下问题：

- 此活动是否引起其他用户群体（付费用户）投诉，导致活跃度下降、用户流失等？
- 在活动期间，目标用户群体完成付费后，是否有预期之外的负面反馈？

10.2.2　数据论证：活动对用户付费行为的影响

如何量化活动的效果？我们需要结合活动的目标，用具象的北极星指标评估活动的效果。这里可选择的北极星指标有两个：付费渗透率和 ARPU 值。

付费渗透率通常指的是活跃用户中付费用户的占比，其计算公式是：活跃付费用户数÷活跃用户数。

而 ARPU 值则反映了活跃用户整体的人均付费能力，其计算公式是：付费总金额÷活跃用户数。

本次活动的目标是吸引零氪用户付费。相较于 ARPU 值，付费渗透率更能反映有付费行为的用户的占比情况，因此可以将首要的分析指标定为付费渗透率。由该指标切入，先从整体上判断活动是否有较为显著的效果；进行初步的定性分析后，再一步步细化，论证其中的相关性。

首先，在 TE 系统的"事件分析"模型中，将每日"付费事件"的"触发用户数"作为分子，"用户登录"事件的"触发用户数"作为分母，即可计算出付费渗透率，如图 10.1 所示。

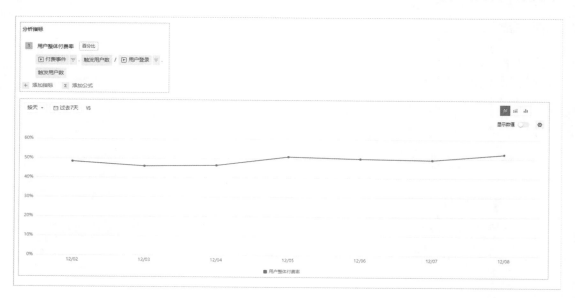

图 10.1　在 TE 系统中计算付费渗透率

"事件分析"模型能够显示付费渗透率在活动期间的变化曲线，可以清晰地看到活动是否有效地提升了付费渗透率。如果想验证零氪用户在活动中的付费情况是否达到策划活动时的预期，还可以结合 ARPU 值的提升幅度进行论证，将礼包的购买数量及付费总金额作为计算 ROI 时的补充指标。

需要注意的是，除了付费用户数和付费金额的增加会使上述两个指标（付费渗透率、ARPU 值）提升外，分母的值（活跃用户数）减少也会使得二者从数据上看呈现增加的趋势。因此，还需要排除可能存在的消极因素，关注活动期间的用户活跃度指标是否出现过异常波动。

在分析日期区间内，该游戏的用户活跃度的变化趋势如图 10.2 所示。

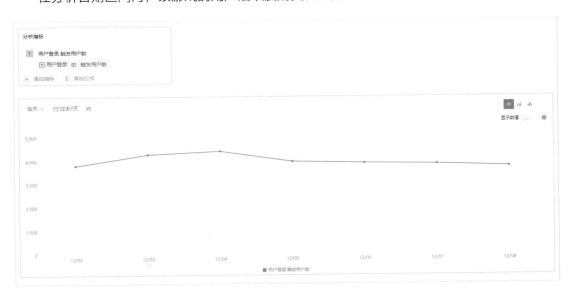

图 10.2 在分析日期区间内用户活跃度的变化

为了进一步判断该趋势的性质，可以取与分析日期区间长度相同的"上一阶段"活跃用户数的环比数据作为参考基准，观察二者是否具备相同的周期性规律。在 TE 系统的日期选择器中打开"对比日期"功能即可，如图 10.3 所示。

可以发现，在过去相同的时间周期内，用户活跃度指标的数值和变化趋势并未出现异常，故可以排除付费渗透率的上升是由于用户活跃度降低而导致的。

图 10.3　对比用户活跃度的变化

10.2.3　数据论证：礼包与付费行为的关系

游戏运营活动的核心目标是要对用户行为产生影响。在策划活动时，运营人员要对礼包所包含的资产组合、礼包的定价策略进行考量，以期通过礼包来影响零氪用户的付费行为。

用数据来论证付费渗透率的提升是否与活动的礼包具有强相关性，相当于回答如下问题：

付费渗透率的提升是否是因为活动中的 6 元礼包吸引了零氪用户付费？

这个问题其实关注的是活动的礼包购买率是否符合预期。先看"零氪用户礼包付费率"这一指标的计算，其分子可以定义为"零氪用户中购买活动礼包的人数"，而分母则需要考虑破冰付费活动的目标群体，可以定义为"购买礼包时累计付费金额为 0 的用户"。需要注意的是，此处"购买礼包时的累计付费金额"为事件属性，如果在埋点时记录了用户每次操作时的累计付费金额，那么通过该事件属性即可知道用户每次操作时的付费情况。

在"事件分析"模型中打开指标编辑功能，为"付费事件"添加筛选条件，选择"累计付费金额"为 0 的用户，即可筛选出购买礼包的用户中的零氪用户；同时，增加筛选条件，设置购买的礼包为活动礼包，即"6 元"礼包（如图 10.4 所示），就能得到零氪用户中购买了活动礼包的人数。

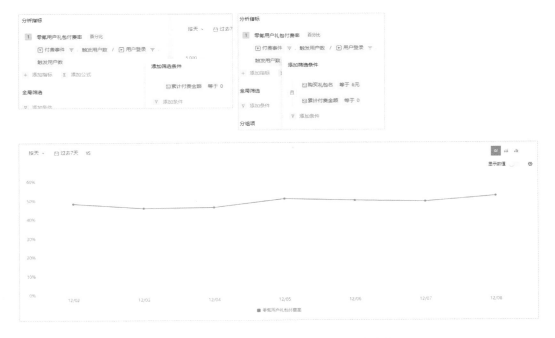

图 10.4　计算零氪用户中购买了活动礼包的人数

在"登录事件"中选择"累计付费金额为 0"的用户，可以获知每日活跃的零氪用户数，使用指标公式进行除法运算，就得到了礼包购买率。通过观察活动上线后零氪用户礼包购买率的变化趋势，可以了解每日活跃的零氪用户购买"6 元"礼包的情况。

如果希望看到所有礼包的付费率情况，则可以扩大礼包的筛选范围，将"购买礼包名"的筛选条件调整为"有值"，即可得到所有礼包的付费数据。

活动上线后，初期购买礼包的用户中除了新注册的用户，还会有一部分老用户。对于在活动初期购买了礼包的老用户，可以使用 TE 系统的"生命周期天数"属性来分析，这个属性的定义为"用户每次进行操作时，距离其注册过去了多少个自然日"。在 TE 系统中对礼包购买率指标设置"事件拆分"，并以"生命周期天数"作为拆分字段，即可看到当前活动期间内新老用户礼包购买率的变化曲线，如图 10.5 所示。

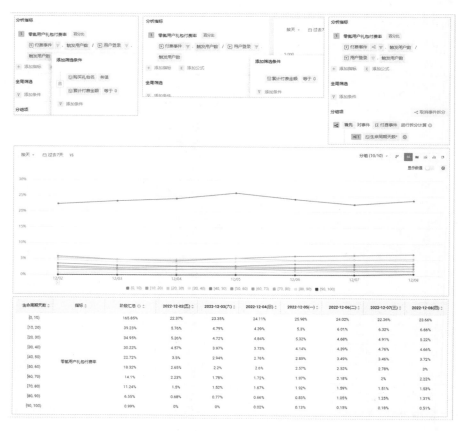

生命周期天数	指标	阶段汇总	2022-12-02(五)	2022-12-03(六)	2022-12-04(日)	2022-12-05(一)	2022-12-06(二)	2022-12-07(三)	2022-12-08(四)
[0, 10)		165.85%	22.37%	23.35%	24.11%	25.98%	24.02%	22.36%	23.66%
[10, 20)		39.29%	5.76%	4.79%	4.39%	5.3%	6.01%	6.32%	6.66%
[20, 30)		34.95%	5.26%	4.72%	4.84%	5.32%	4.68%	4.91%	5.22%
[30, 40)		30.22%	4.57%	3.97%	3.73%	4.14%	4.39%	4.76%	4.66%
[40, 50)		22.72%	3.5%	2.94%	2.76%	2.85%	3.49%	3.46%	3.72%
[50, 60)	零氪用户礼包付费率	18.32%	2.65%	2.2%	2.6%	2.57%	2.52%	2.78%	3%
[60, 70)		14.1%	2.23%	1.78%	1.72%	1.97%	2.18%	2%	2.22%
[70, 80)		11.24%	1.5%	1.52%	1.67%	1.92%	1.59%	1.51%	1.63%
[80, 90)		6.55%	0.68%	0.77%	0.66%	0.83%	1.05%	1.07%	1.31%
[90, 100)		0.99%	0%	0%	0.02%	0.13%	0.15%	0.18%	0.51%

图 10.5 活动期间新老用户礼包购买率的变化曲线

在实际的活动中，如果礼包购买率未达到预期，就需要进一步分析可能存在的问题，以便与相关协作部门沟通，及时调整活动策略。在复盘时也要总结活动期间的关键信息，为下一次活动积累宝贵经验。

这里的分析过程，本质上是"提出猜想→通过数据进行论证→对猜想证实或证伪"的过程，往往需要结合游戏的玩法、系统稳定性和其他关联活动等一系列信息，不断试错，最终才能得到一个或多个有数据说服力的结论。

举一个简单的例子，如果提出"购买率的趋势出现异常是由于零氪用户对其他礼包的购买意愿更高所导致的"猜想，那么就可以通过横向对比的方法，观察每日活跃的零氪用户在不同礼包上的购买率差异，来论证这一猜想。

使用 TE 系统中的"事件拆分"功能，将拆分的字段设置为"购买礼包名"，即可查看在活动期间，每日活跃的零氪用户购买不同礼包的情况，如图 10.6 所示。

图 10.6　每日活跃的零氪用户购买不同礼包的情况

此时可以发现，在"6 元"礼包的购买率下降期间，"活动礼包"及"30 元"礼包的购买率出现了上升趋势。也就是说在该时间段内，每日活跃的零氪用户对这两个礼包的付费意愿超过了"6 元"礼包，导致"6 元"礼包购买率下降。

后面可以针对活跃类、充值类及消耗类等不同类型的活动，来分析如何优化礼包资产组合，或调整活动的运营策略。

10.2.4　数据论证：参与活动用户的画像

活动的策划者肯定都会关心一个问题：购买礼包的是哪些用户？他们关注的其实是参与活动用户的画像。就充值类活动而言，如果用户在游戏中遇到某些难度高的关卡而卡关，或一时资源短缺，此时要是恰好看到一个道具资产礼包的介绍及购买链接，当下的付费意愿通常不会太低。

因此，我们可以将上面的问题拆解为更具象的问题，比如：

- 用户购买礼包时处在哪一个关卡等级？
- 用户购买礼包时还剩余多少金币或其他资产？
- 新注册用户购买礼包时，所在关卡整体的胜率是多少？

由于每个用户购买礼包时的状态不同，所以在分析上述问题时需要看一段时间内所有用户操作的分布情况，这可以使用 TE 系统的"分布分析"功能来实现。

首先，假定用户购买礼包时的关卡等级、剩余金币数等信息已经通过埋点记录在事件信息中。以"用户购买礼包时处在哪一个关卡等级"问题为例，我们将"付费事件"作为数据来源，并设定"购买礼包名"为"6 元"礼包，然后查看对应的"角色等级"的分布情况。由于运营人员关注的是破冰付费用户的等级，而等级是单调递增的，所以可以直接选择"角色等级最小值"以提取每个用户首次购买对应礼包时所处的关卡等级数据，如图 10.7 所示。

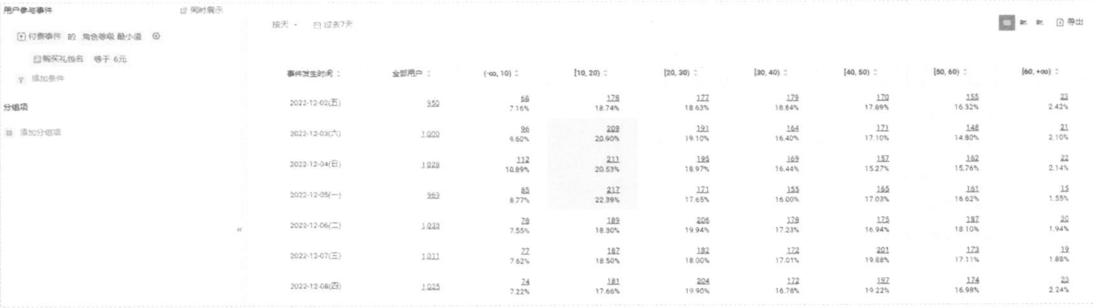

事件发生时间	全部用户	(-∞,10)	[10,20)	[20,30)	[30,40)	[40,50)	[50,60)	[60,+∞)
2022-12-02(五)	950	68 7.16%	178 18.74%	183 18.63%	179 18.84%	170 17.89%	155 16.32%	23 2.42%
2022-12-03(六)	1,000	96 9.60%	209 20.90%	191 19.10%	164 16.40%	171 17.10%	148 14.80%	21 2.10%
2022-12-04(日)	1,028	112 10.89%	211 20.53%	195 18.97%	169 16.44%	157 15.27%	162 15.76%	22 2.14%
2022-12-05(一)	963	85 8.77%	217 22.39%	171 17.65%	155 16.00%	164 17.03%	156 18.62%	15 1.55%
2022-12-06(二)	1,033	78 7.55%	189 18.30%	206 19.94%	178 17.23%	175 16.94%	187 18.10%	20 1.94%
2022-12-07(三)	1,011	77 7.62%	187 18.50%	182 18.00%	172 17.01%	201 19.88%	173 17.11%	19 1.88%
2022-12-08(四)	1,025	74 7.22%	181 17.66%	204 19.90%	172 16.78%	197 19.22%	174 16.98%	23 2.24%

图 10.7　每个用户首次购买礼包时所处的关卡等级情况

从图 10.7 的表格中可看到在不同的日期用户购买礼包时所处的关卡等级情况，该表格展示了每一个关卡等级区间对应的用户数、该关卡等级区间内购买礼包的用户在总用户中的占比。如果需要查看活动上线后的整体情况，将日期展示选项的"按天"切换为"合计"即可。用户购买礼包时剩余金币数的计算逻辑与此类似，在 TE 系统中切换对应的分析字段就能实现。

通过上述操作，可以查看用户购买礼包时所处的关卡等级、剩余金币数等是否与设计活动时预期的情况相符。若存在计划外的差异，则应及时与相关的协作人员（如负责活动上线的运营人员、负责在渠道上架活动的渠道商等）进行沟通，调整对应的数值参数，优化曝光活动的时机、礼包定价策略等，并按照上述方法持续监控对应指标的数据变化，动态调整相应的数值参数，直至达到最优效果，为后续的活动策划提供数据依据。

10.2.5　数据论证：活动可能带来的消极影响

本节分析活动可能带来的消极影响。我们可以从更长的时间跨度和更广的用户群体这两个方面来考虑活动对用户的影响，比如：

- 活动中礼包和规则的设计是否引起用户的不满？
- 活动对未参与的用户的活跃度和留存率是否带来了消极影响？
- 参与了活动的用户其后续留存率是否有预期外的表现？

如果游戏中存在"建议与反馈"模块，并且已经做了对应的埋点，则可以通过关键词筛选出与本次活动相关的评论，并结合用户对活动的评分，查看"建议与反馈"中与本次活动相关的数据，在 TE 系统中如图 10.8 所示。

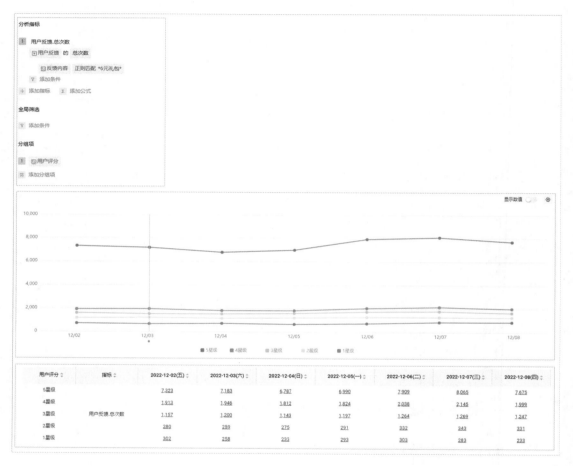

图 10.8　用户的反馈情况

　　此时，还可以直接点击明细表中的计算结果，查看每一条用户反馈的明细数据及用户反馈的具体内容（如图 10.9 所示），帮助我们发现引发用户不满的游戏环节，以便及时调整或优化。

账户ID ⇳	访客ID ⇳	事件名称 ⇳	事件时间 ⇳	数据源 ⇳	设备号 ⇳	角色等级 ⇳	反馈内容 ⇳	区服ID ⇳	VIP等级 ⇳
dc639c76-1ce1-4012-aaa7-dfb4c68f5c95	1982b476-af94-4726-ae78-14907bfdf7180	用户反馈	2022-12-02 23:58:52.000	Restful_API	c67d8261-0833-42d3-86d1-4a2149b6f95d	13	选择6元礼包后无法付款	7	0
68b550cd-6713-4c9e-9e7e-8f6d8e7b6699	a8c9858a-05d9-430b-a088-914bee773f3c7	用户反馈	2022-12-02 23:58:31.000	Restful_API	a55756c6-9332-4cd1-932a-914652aaf7b1	44	下单6元礼包为什么优惠券还不了吗??	27	8
596f70f3-e71c-4986-81d5-3fdf3fe533566	14c81830-7e12-45f0-b95b-71925b02e0dba	用户反馈	2022-12-02 23:56:07.000	Restful_API	8f966614-88b1-4f0a-9c12-1d4d22a168c0	8	这个12元礼包的6元到底比6元礼包还便宜不能理解??	14	0
d3d88245-95d5-4c6a-993e-c73d3d556376	f09aa93f-b6b3-49fc-bd3d-28f39910d585	用户反馈	2022-12-02 23:54:53.000	Restful_API	463f1232-9664-432f-b0eb-f34ac20dbbfd	9	选择商品指向是只有6元礼包能买	16	3
08b44423-4c79-4de2-b2c7b-65fcb62c60f1	7af03a9e-9f0a-4f95-a9fd7-df27bf152b21	用户反馈	2022-12-02 23:53:34.000	Restful_API	c2e17b09-9f3b-4b45-84ff-b1cc2e6de3c5	31	某6元礼包不如直接购买质感	52	5
731a2bb0-a43a-4b65-af40-764e955fb413	2fcf34fc-0295-48f8-8fe4-9722ae17085e	用户反馈	2022-12-02 23:49:33.000	Restful_API	53d83da2-b8ea-42e6-b310-2a1297f43bf2	60	我大会员买不了6元礼包,what th	14	9
79d6a825-c52b-4d7b-86d8-09f0d82b5421	7fdf9ecf0-6a5d-4d73-bb1a-c8fada1f3584	用户反馈	2022-12-02 23:48:20.000	Restful_API	82e1b68d-cf29-425a-a6fb-e90679ff6b76	43	6元礼包性价比太低了吧	22	5
0df52b5e-d462-4026-a460-3b03ee071bf1	de5951bf-3629-44ae-bef5-4cde0f9deb43	用户反馈	2022-12-02 23:45:32.000	Restful_API	da6ce43e-c260-4c9-8f3d-78dc1a22626f	60	**才买6元礼包	1	9
5c7771a4-c9ca-4666-969e-2b0222b887ab	a8dccc3a-04a1-4b6d-88e7-cecc8478bfa3	用户反馈	2022-12-02 23:41:31.000	Restful_API	fdfa5f74-de3a-4869-b5ba-975a9ff13a7d	23	付款成功但是没有收到邮件?置员买的6元礼包	16	2
181253f3-2dcc-4136-9594-d98f4ae2f04f	9f3f6408-efbe-4c32-b342-7f90d54f9959	用户反馈	2022-12-02 23:40:34.000	Restful_API	9c674d3e-fbc2-4d1d-bb91-0ea9b57e3b96	45	6元礼包付款一直来敢	9	9

图 10.9　用户反馈的明细数据及具体内容

而对于"参与了活动"和"未参与活动"这两类用户群体的每日活跃用户留存率的变化，可以使用 TE 系统中的"留存分析"模型来分析。

首先创建一个用户分群，其定义为"过去一段时间内参与过本次破冰付费活动"的用户。在不同的游戏中，"参与活动"这个事件的埋点逻辑及埋点所记录的信息会存在一定的差异，这里以"用户做过或没做某事"来定义本次活动的埋点逻辑。在 TE 系统中将用户分群的条件设置为"过去 30 天内购买 6 元礼包的次数大于 0"（见图 10.10），满足条件的就是参与过活动的用户，不满足条件的就是没有参与活动的用户。

为了区分名称相同的不同轮次的活动，可以给活动加上编号，如"036#破冰付费"；分群名称则可以进一步设置为"参与 036#破冰付费"。

进入"留存分析"模型，将"初始事件"和"回访事件"都设置为"用户登录"，得到每日活跃用户留存率。然后将刚才生成的分群"参与 036#破冰付费"作为分组项，再次计算每日活跃用户留存率，点击日期前面的加号，即可看到活动期间两类用户中活跃用户的留存率数据，如图 10.11 所示。

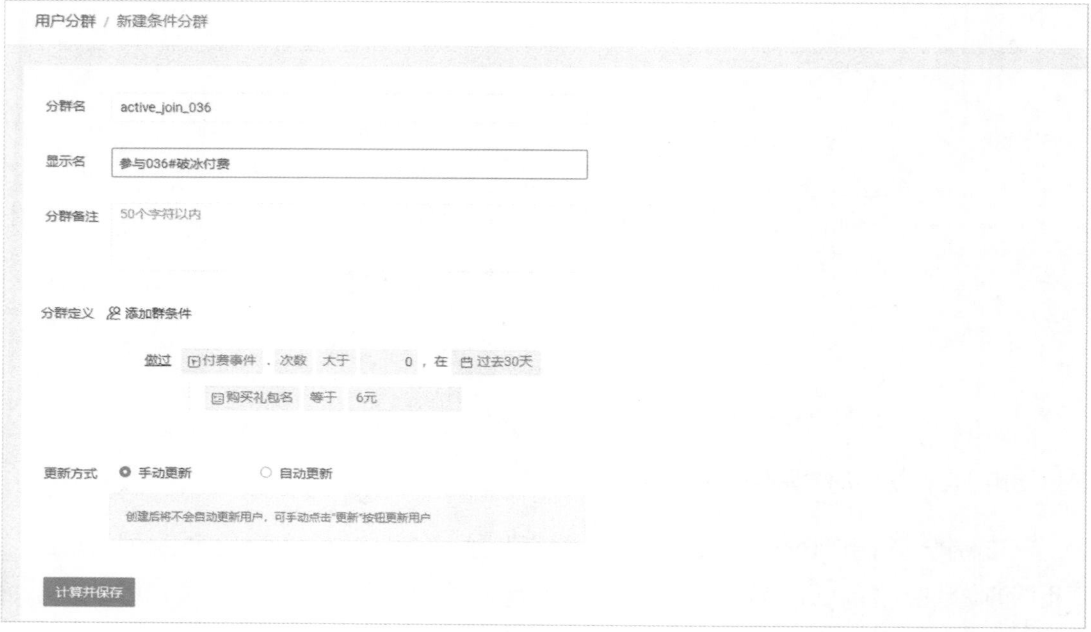

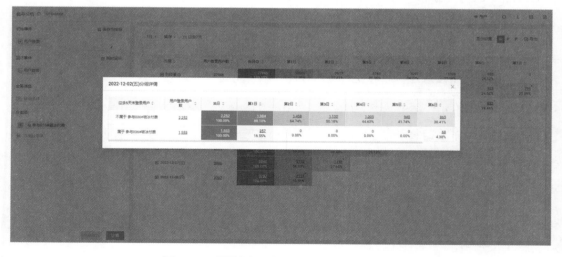

图 10.10　筛选参与过活动的用户

图 10.11　活动期间两类用户中活跃用户的留存率

如果在浏览数据时发现某一部分活跃用户的留存率与之前相比有异常的波动，可以点击图 10.11 所示界面表格区域中带有下画线的用户数，TE 系统将进一步下钻到这批用户的明细列表，查看用户的特征；或直接使用抽样的方式，查看在某一个关卡中，是否存在当前预期之外的原因使用户活跃度出现异常。

如果某一用户群体的活跃度超出了预期，也可以用同样的方式进行下钻，将活动中的亮点挖掘出来，作为策划后续活动时的重要参考。

10.2.6　对数据论证的总结

至此，"破冰付费活动的效果如何？"这样一个抽象的问题，逐步被拆解为多个具体的、可量化分析的问题（猜想），而且我们通过合适的指标，用数据论证了猜想，最后得出了结论。对上述过程进行整理，配上关键步骤的系统报表截图及对应的说明文字，就可以得到一份简洁明了的活动效果分析报告。

在活动结束后的复盘中，要提炼活动方案中的亮点，总结其中的问题，这会使活动的设计越来越契合游戏的特点和用户特征，在策划新的活动时，也能规避之前遇到过的问题。这样一来，对每次活动所做的数据分析，便产生了更大、更长远的价值。

10.3　活动的数据管理策略

如何将 10.2 节中论证活动效果时采用的思路转化为长期的数据管理策略，在更长远的时间中产生价值呢？总的来说，有以下 5 点。

1. 建立数据基线

前面在回答活动效果是否符合预期这一问题时，其实隐藏了两点信息：第一点，在策划活动时，是有预期的效果和目标的；更重要的是第二点，预期的效果和目标可以通过量化的指标来体现和评估。

对不同规模的团队、不同类型的游戏产品而言，预期的活动效果与目标不尽相同，关键在于结合实际情况，收集丰富的数据，找到适宜的标准。即使在游戏上线的早期，也要尽可能收集内测、公测等不同测试阶段的数据，形成初始的可量化的指标，建立游戏当前的数据基线。就算早期基线数据可能会出现比较大的波动，但是有了可量化的指标，就可以将"变化很大"这样的抽象描述，改为"下降了 35%"这样的具体描述，这对于数据分析的目标和数据分析本身而言，都是一个很大的进步。

2. 监控数据的健康状况

游戏运营人员的日常任务之一就是，监控数据的健康状况，其中的重点工作内容便是分析游戏日常运营中的数据波动。游戏的运营会受各种因素影响，例如一些特别的日子，比如周末、节假日，或者游戏的重大事件，比如新版本发布、系统优化/热更新、活动上/下线等。这些影响因素之间相互作用，会导致数据基线发生波动。随着时间的推移，在数据基线的基础上，数据样本会累积。通过对数据进行对比和下钻，就可以了解某一类影响因素对数据可能带来的影响。

比如，在 10.2.2 节中，我们通过"对比日期"功能，论证了活动开始前后的活跃用户数本身就存在一定的周期性规律，后面论证活动效果对于用户留存率的影响时，即可在这一周期性规律的基础上进行分析，得出更有说服力的结论。

3. 通过数据精确定位活动目标

在策划活动时，运营团队往往希望活动所针对的目标用户群体尽可能精准，以便以最小的成本获得最大的收益，提高活动的 ROI。那么，到底如何让活动最大限度地满足这个预期目标呢？这就需要根据用户的历史数据与用户画像，结合当前用户数据中的问题或特性，有针对性地策划与设计活动。

在分析活动的细节时，如果已经在运营初期逐步建立活动相关的数据基线及活动数据的日常监控体系等，那么对于活动的目标用户、开始的时机、礼包的设计等，就能够从已有的数据基线中找到关键的线索和依据。比如，先根据用户的自然行为数据，总结并设置一系列行为条件，定位活动所针对的用户群；然后根据用户的购买行为数据，调整礼包的定价策略或商品组合；再进一步结合商业策略和游戏产品特性，以及以往的活动经验，最后设计出合适的方案，这样就降低了"拍脑袋"式设计活动所带来的不确定性和风险，达到事半功倍的效果。

4. 活动执行过程中要快速应变

执行活动时要遵循"设计—执行—监测—调优"的过程。即便前期的策划工作已经非常充分和细致，也无法保证活动方案的每个细节在执行过程中不会出现意外。因此，在活动的执行过程中，根据数据的动向及时调整相关参数和方案细节，才是制胜的关键。

时效性很重要。相较于 T+1 日的数据，实时数据加上合理的预警逻辑，能够帮助游戏团队更及时地发现活动执行过程中的异常数据波动，也能让分析师、运营人员立即针对异常情况对数据进行下钻分析，有针对性地设计优化方案。必要时还可将发现的问题提交给研发部门，请他们对游戏进行修改，在几小时内完成一次调优并开始下一轮的数据监测，最大程度地降低对用户的负面影响。

5. 活动结束之后复盘

在运营工作中，定期复盘及总结是非常必要和关键的。前面对活动效果的数据论证，其实是以数据为核心不断进行"假设—论证"的过程。论证某些假设时，可能需要先积累一段时间的数据，还可能需要从其他类似项目的经验中寻找规律。

定期复盘，一方面能使活动运营人员更充分地了解自己所策划活动的效果，避免非理性的认知影响判断；另一方面可以帮助团队从更广的层面了解影响活动效果的外部因素，从更宏观的视角了解游戏产品及用户，为下一次的高质量活动做好准备。此外，游戏厂商往往经营着多个游戏项目，对一个游戏项目的活动复盘也能为其他游戏项目组提供宝贵经验。

10.4　总结

本章介绍了对活动的数据分析。评估某一活动的效果时，首先要将抽象的问题拆解为可量化的问题，再找出适用的指标，遵循"观察—假设—论证"的步骤进行数据分析。活动结束后应及时复盘，总结经验，使下一次活动的效果更好。

对活动的数据分析和对专项问题的数据分析一样，都需要在早期构建模型，并随时间不断地优化和迭代，最后实现数据管理策略的长期价值。TE 系统能方便地构建模型对游戏数据进行分析，帮助游戏团队了解市场及用户特征的变化趋势，以策划不同类型的活动，优化用户在活动中的体验，为之后上线类似活动提供可靠依据。

第 11 章

精细化运营单元

前面的章节讲到，随着游戏市场从增量市场转变为存量市场，买量成本不断攀升，游戏厂商越来越重视游戏的长线运营，以提高买量的 ROI。对于游戏的长线运营来说，任何策略都不再是"放诸四海而皆准"的，运营人员需要针对不同的用户群体制订不同的策略，也就是通常所说的"精细化运营"。

11.1　精细化运营的前提

精细化运营近几年在关于产品运营的讨论中不断被提及，但真正要实现精细化运营并非易事，这是一个复杂且需要持续迭代的长期过程。游戏产品的精细化运营，需要具备如下 4 个条件。

1. 完备的埋点

精细化运营要有足够多的数据提供支持，而埋点就是游戏行业最常见、最基础的数据采集方式，底层埋点的完备性将直接决定接下来数据分析的深度，并最终影响结论的正确性。但需要注意的是，埋点的完备性与数据量的大小并不能完全划等号。例如，游戏的服务器会记录所有用户的行为日志，但把这些日志直接全部提取出来使用并不是最佳选择。完备的埋点应该有业务逻辑清晰、触发时机明确、状态属性完整的数据采集方案。

2. 强大的数据后台

游戏行业的一大特性是数据量非常庞大。例如一个重度游戏，用户在游戏中的行为将产生海量数据，一天可能有几十亿甚至上百亿条数据。精细化运营要求快速发现问题、快速验证策略。面对如此大的数据量，要想实现数据的实时上报、实时查询、交叉分析等功能，就需要强大的数据后台来支撑。

3. 统一的数据标准

游戏行业有多套用户识别体系，也叫用户识别 ID，包括 IDFA & IDFV（Identifier For Advertising，指广告标识符；Identifier For Vendor，指应用开发商标识符）、安卓 ID 等设备层级的 ID，以及业务上的角色 ID、用户账号 ID，甚至第三方平台 ID 等。那么在做数据分析时，各方数据就必须在 ID 层面实现口径统一，或者形成数据关联，只有这样才能保证数据分析结果的一致性，并在多个 ID 下实现多层级的数据下钻。

4. 深入分析的能力

受日常的工作流程、运营人员自身的能力等因素影响，游戏项目团队的数据分析能力很难量化。通常可以从以下 3 个方面评估一个游戏项目团队的数据分析能力。

- 流程的精细化分工：一般而言，规模不太大的游戏公司很少专门设置数据分析或数据挖掘类的岗位，可能由其他业务部门的人员兼任。要想实现深入的数据分析，就必须在整个数据分析的流程上进行精细化分工，让专业的人做专业的事。
- 广告的精细化投放：目前游戏行业的竞争是存量市场的竞争，广告投放的成本越来越高。但高成本的广告并不一定能带来高质量的用户。所以，在投放广告时需要根据游戏的定位制作合适的素材，进一步了解游戏用户的画像，找到合适的推广渠道，用尽量低的成本获取优质用户。

- 运营的精细化开展：通过买量把用户吸引到游戏中以后，应该采用什么样的策略来提升留存率和付费率？运营人员需要为不同画像的用户匹配不同的游戏内容，制订不同的运营策略。

11.2　用户分层

不论互联网行业还是游戏行业，当产品的用户体量达到一定的规模后，通常都要对用户分层。一方面，运营人员可以了解当前的用户构成，做到心中有数；另一方面，针对不同层级的用户可以投其所好，真正实现精细化运营。所以，精细化运营的很大一部分工作其实是对用户进行分层。接下来，我们将介绍如何对用户进行分层。

11.2.1　用户分层的价值与条件

探讨用户分层的价值之前，首先需要了解什么是用户分层。用户分层是基于不同用户的特征和行为，对其进行细分的精细化运营手段。这种对用户进行细分的手段被广泛应用于互联网行业，例如淘宝中的会员等级、微博中的内容贡献者与浏览者等。

在游戏行业中，用户分层也有诸多的应用场景。比如，随着用户数量的增加，传统的游戏运营策略不再适用于多元、个性化的用户需求，对用户进行分层后，可以为不同层级的用户提供差异化的游戏内容，制订相应的运营策略。再比如，相较于大盘数据，对比经过用户分层后的横向数据，可以探索指标发生波动的原因，精准定位业务的增长点。

用户分层需要具备一定的前提条件。首先，要有足够大的样本量。样本太少会导致分层的颗粒度太粗，分析结果的参考价值会较低。比如，一款游戏内测时只有几十个用户，则用户分层就没有什么意义了。

其次，要有一定周期内的用户行为数据。如果只有短期甚至几天的用户行为数据，分析得出的用户特征会受到用户偶然行为的影响，无法真实反映其行为的规律和特点，会造成分层偏差。

11.2.2　用户分层的步骤

在实际操作中，用户分层可以简化为以下 3 步。

步骤 1：明确业务目标

在对用户分层之前，首先要确定期望借由用户分层解决的业务问题和达到的业务目标。例如，当前游戏的用户付费率低，总流水未达到预期水平，那么用户分层的目标就是通过改变运营策略提高用户付费率。进一步，还需要从付费角度对用户分层，了解不同层级用户的付费习惯，进而针对性地制订运营策略，提高各个层级用户的付费率。

步骤 2：划分用户层级

明确用户分层要解决的问题后，就需要确定划分层级的方式，可以简单理解为给一群用户打标签，不同的标签值代表一类用户。例如，从付费角度分层时，可以规定标签或分层的构成为：大 R、中 R、小 R 和零氪用户（R 代表人民币，大 R 代指充值金额比较大的用户，其他的可依此类推）。

步骤 3：量化层级指标

基于前面划分层级的方式，为每个层级的标签设置可量化的指标。通常，根据付费情况分层时，主要以用户的累充金额作为指标。当然不同游戏的用户付费能力不同，付费区间的划定也不一样，可以先分析游戏内所有用户的付费金额分布情况，再根据具体分布设置不同的付费区间值。例如，将大 R 用户定义为近 30 日付费金额超过 1000 元的用户。

11.3　用户分层的维度与案例

用户分层的方法多种多样，没有哪一种适用于所有游戏的所有阶段。但用户分层的核心思想是一致的，也就是通过定性与定量的方式将用户划分为不同层级。下面将介绍 4 种常用的用户分层方法，并给出通过用户分层进行精细化运营的案例。

11.3.1 基于用户价值分层

谈到用户价值，人们通常会将其与用户的付费能力划等号。但不同类型的游戏具体情况不一样，有些游戏不一定有内购模式，或者用户转化为付费用户的周期很长，因此简单地用付费能力来定义用户价值是片面的。有些用户虽然没有付费，但在游戏中的时长很长，对游戏而言也有很高的价值。因此，从价值维度对用户分层时，可基于两个不同的角度：用户生命周期和用户关键行为。

1. 基于用户生命周期分层

游戏用户通常是有生命周期的，一个用户从注册账号到流失通常会经过导入期、成长期、成熟期、休眠期、流失期，或其中的几个阶段。在分析游戏数据时，观察单个用户在游戏内的成长路径，有针对性地优化用户在游戏中的即时体验，这是微观视角。而对当前游戏内的用户，根据其所处的生命周期分层（如图 11.1 所示），并针对处于不同时期的用户制订对应的运营策略，则属于宏观视角。

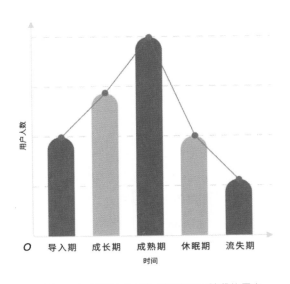

图 11.1 游戏中处于生命周期不同阶段的用户

- **导入期**：通常指用户注册游戏账号后的一小段时间。用户在这个阶段尚未体验核心玩法，还处在了解游戏、探索游戏的阶段。

- **成长期**：此时用户已经接触了游戏的核心玩法，但游玩的深度不够，并且还未完成破冰付费（指用户的首次付费）。这是培养用户习惯、传递核心体验的阶段，用户将在这个阶段快速成长。同时。成长期也会有一批用户由于游戏提供的核心体验与其预期不符而流失。

- **成熟期**：处在该时期的用户通常是游戏的忠实用户，有较高的黏性，并且形成了付费习惯，在行为上具有在线时间长、登录频次高、游玩深度深的特点。

- **休眠期**：流失用户通常是指"N 天不活跃的用户"，因此从用户的末次登录到其后的第 N 天，这段时期被定义为"休眠期"。处于该时期的用户由于并未达到流失标准，属于"假性流失"，所以有较高的概率被召回。

- **流失期**：达到 N 天不活跃的标准后，即可将该用户归为已流失的用户。

完成基于用户生命周期的分层后，接下来需要对不同层级的用户制订不同的策略。在制订策略的过程中，通常需要考虑两个问题：

第一，对不同阶段的用户是否有贯穿全周期的至高目标？例如，希望他们玩得时间更久，并且完成付费。

第二，基于这个目标所设计的运营策略是否相互关联？在现实中，这些策略往往不是互相独立的一次性手段，是互相交叉、互相影响的。

在导入期，可以通过赠送角色、资源的方式帮助用户快速体验游戏的玩法，同时也可以用一些大额数值的奖励或动画刺激用户感官，让用户产生愉悦感，进而平稳度过导入期。而对于成长期的用户，则需要用一些策略帮助其养成游玩习惯、增强黏性。例如，设置一些具有故事线的章节，日常、周常目标（指每日、每周固定的游戏任务），以及设置稳固的社交体系都是常用的一些方式。到了成熟期，用户追求的不再是简单的获胜或者获取资源等目标，此时设定更高、更深层次的目标才能提升用户体验，例如 SLG 游戏中的跨服 PK、成为游戏内的领导者、排行榜的 Top 用户等。对于休眠期的用户，可以通过多种渠道触达（如微信、短信等），用一些新玩法、回归礼、限定物品的推送消息来唤醒。这样的方式同样适用于流失用户。除此之外，对流失用户还可以利用社交关系触达，例如通过活跃用户邀请，如果邀请成功，则对活跃用户与回归的流失用户均给予高额奖励，以提高召回率。

2. 基于用户关键行为分层

基于用户过往行为中的特征对用户分层时，最常用的就是 RFM 模型。RFM 模型是衡量用户价值和用户创利能力的重要工具。该模型通过用户的最近一次交易（R）、交易频次（F）以及交易金额（M）这 3 项指标来评估该用户的价值，如图 11.2 所示。

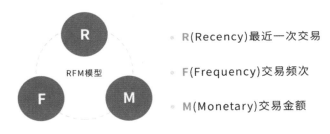

图 11.2　RFM 模型

需要说明的是，这里的 3 个指标的具体含义并不是一成不变的，而是随着模型应用场景的变化而动态调整的。例如，在游戏内如果要衡量用户价值，则可以将 R、F、M 分别设置为用户末次登录的时间、登录的频次、在线总时长；如果要衡量直播类 App 内用户的价值，可以将 R、F、M 分别设置为用户末次观看直播的时间、观看的频率、直播间在线总时长。我们甚至还可以增加一个维度的指标，例如在付费角度增加"最大付费金额"或者"付费金额中位数"等指标，将 RFM 模型变成 RFM+模型，从更多维度来综合评估用户的价值。

RFM 模型的应用可以分为如下步骤：获取 R、F、M 这 3 个维度的指标数据；定义 R、F、M 的评分逻辑；处理 R、F、M 分区；根据 R、F、M 的值分层，制订差异化运营策略。对于 3 个维度的评分规则，可以根据个人经验、原始数据的分布、二八法则、K-means 聚类算法等来确定。

假设某游戏的 RFM 评分表如表 11.1 所示。根据上述步骤，可以对用户在各个维度上的得分进行降维聚合，将每个维度的结果归为 1 或 0（如表 11.2 所示），再根据分值组合将用户划分为 8 种类型（如表 11.3 所示），最后针对每种类型的用户制订不同的运营策略。

表 11.1　某游戏的 RFM 评分表

R		F		M	
距离末次充值的天数	评分	充值次数	评分	充值金额	评分
1	7	0	1	0	1
2	6	2	2	15	2
3	5	4	3	30	3
4	4	6	4	45	4
5	3	8	5	60	5
6	2	10	6	75	6
7	1	12	7	90	7

表 11.2　RFM 评分降维聚合的规则

维　　度	规　　则
R	大于或等于 4 分的为 1，否则为 0
F	大于或等于 3 分的为 1，否则为 0
M	大于或等于 3 分的为 1，否则为 0

表 11.3　8 种用户类型

RFM 分值组合	用户类型	说　明	用户特征
111	优质用户	最近有充值，充值次数多，充值金额高	此类用户属于超级大 R 用户，应关注其数量
011	可唤醒的用户	最近无充值，充值次数多，充值金额高	如果没有合适的活动或活动没有吸引力，就不会充值
101	有价值用户	最近有充值，充值次数少，充值金额高	"一次到位型"用户，应重点关注此类用户
110	潜力用户	最近有充值，充值次数高，充值金额低	"精打细算型"用户，热衷于获取小额奖励，所有活动均会参加
001	可挽留的用户	最近无充值，充值次数少，充值金额高	经由某一次活动吸引来的用户，或者已经流失

RFM 分值组合	用户类型	说　明	用户特征
010	警戒线用户	最近无充值，充值次数多，充值金额低	基本处于流失状态，以获取日常奖励为主，花点小钱
100	亚流失用户	最近有充值，充值次数少，充值金额低	初步养成充值习惯的用户，或亚流失用户
000	流失用户	近期无任何付费行为	流失用户

11.3.2　基于用户金字塔模型分层

在一款游戏中，每个用户都扮演着不同的角色，这里的"角色"并不是指游戏玩法中的角色，而是指由于每个用户对游戏的贡献不同，导致其在游戏中地位或者身份存在差异。这时就可以根据用户金字塔模型对所有用户分层。

在分层前，需要确定用户是由于什么原因与其他用户产生层级差异的：

- 是否因为其在游戏内表现突出，活跃度及付费率高，给游戏或其他用户带来了更多的价值？
- 是否因为其在游戏内自然的成长而自然地分层？

以大型 MMO 修仙页游为例，这类游戏的修仙系统通常分为凡界、仙界、神界，每一界有 10 个称号，在这个修仙系统下，称号是随着用户任务的进行和经验的增长而自然升级的，那么就可以根据这个称号系统，基于金字塔模型对用户分层。另外，用户在游戏内的活跃时长、付费水平，以及一些合作玩法形成的"老带新"模式，也会给整个游戏和游戏内的用户带来价值，可以依据活跃度、付费情况、互动深度等对用户分层。

基于用户金字塔模型分层主要遵循两个核心思想：一是基于北极星指标拆解用户层级，二是不断促进用户向金字塔模型的上层流动。在金字塔模型中，层级越高，用户数量越少。图 11.3 给出了一个简单的基于用户金字塔模型的分层示例。

图 11.3　基于用户金字塔模型的分层示例

如何促使用户向上层流动？这就需要针对每一层用户制订差异化的运营策略。

对于边缘用户，要思考为什么他们在游戏内点击几下就会离开？是因为核心玩法的价值传递不到位，还是前期的新手引导或者玩法没有吸引力？只有找到原因，才能设置有效的新手引导、前置激励等，帮助这类用户尽快体验核心玩法，将其转化为核心玩法用户。

对于核心玩法用户，需要引导他们完成破冰付费。要制订多样化的付费策略，比如免费体验付费商品、商品打折、返现等，都是比较有效的方式。

对于付费用户，可以设置一些限时礼包，在特定的时间段或者节点投放，还可以设置荣誉系统。比如，《王者荣耀》中付费用户的 VIP 等级，就是根据其最近一段时间内的付费金额而确定的。此后如果用户有一段时间没有付费，其 VIP 等级则有可能下降或者被清零，有的用户为了维持自己的 VIP 身份，可能会不断充值。

对于超 R 用户，则需要思考他们希望得到的是什么。超 R 用户在游戏中已投入大量的精力和财力，追求的不再是简单的 PK 胜利、PvE（Player versus Environment）快速通过等，而是游戏中的归属感和特权身份。这时，可以开展线下活动，发送定向的邀请，以及设置一些线上荣誉体系，满足用户的情感和社交需求。

11.3.3　基于用户身份分层

基于用户身份分层的场景有很多，例如在短视频 App 内，根据内容产出量、粉丝数量及影响力就可以将用户划分普通浏览用户、基础的内容生产用户、小网红、大网红等。在游戏中由于付费实力、竞技水平等不同，用户也会形成不同的身份。

以《王者荣耀》或者 LOL 等竞技性较强的游戏为例，可以将用户划分为普通玩家、VIP 玩家、主播玩家、职业玩家等，如图 11.4 所示。

图 11.4　基于用户身份分层的示例

第一个层级是普通玩家，也是游戏中占比最大的用户群体，其每天能够领取的奖励都是固定的基础版奖励。普通玩家领取奖励时，游戏会建议他们购买月卡或其他付费产品，以提高道具和资源的预期产出量来激励付费。

第二个层级是 VIP 玩家，游戏会为他们提供一些额外的资源，比如可以领取额外的钻石、皮肤和某些体验卡。

第三个层级是主播玩家，比如斗鱼直播上有一些《王者荣耀》的主播玩家，这些用户追求的是曝光量，在官方网站、活动等渠道获得展示自己的机会，从而吸引更多粉丝。另外，腾讯还会给认证过的主播玩家分配专属的 Logo，例如《和平精英》中角色的 ID 会有"斗鱼主播"的前缀 Logo，可以在等待区或者游戏内被快速识别出来。

最后一个层级是职业玩家，很多战队都会建立电竞体系，其中的成员就是职业玩家。职业玩家一般都会拥有官方的一些绝版皮肤，以及一对一的客服。比如，在 LOL 游戏中，如果职业玩家发现了开挂行为、游戏 bug 等，可以直接和客服联系，对违规用户进行惩罚、封号等。

在基于用户身份分层时，需要赋予用户更明显的身份标识，令底层用户仰望，进而产生羡慕情绪，由此产生较强的推动力，促使用户向上一层级转化。

11.3.4　基于用户需求分层

不同用户在游戏内的需求千差万别，按照用户需求对用户进行分层，可以了解当前用户的需求差异与分布，做运营活动时就能有的放矢。图 11.5 列出了基于用户需求分层的方法。

首先，可以按照用户的自然属性分层，比如按照性别、年龄、职业、收入等属性分层。因为具有不同自然属性的用户，其需求也会有差异。例如，女性用户可能更关注游戏角色的外显特性，比如更精致的皮肤与道具，而男性用户可能更关注角色本身的属性数值。有的金融类 App 会根据用户的年龄、职业、收入等划分出高净值人群，并对此类人群配备高级客服，提供对应的产品；有的电商类 App 会根据用户的年龄、性别差异来展示不同的内容。同理，在一些模拟养成类的游戏中，针对不同性别和年龄的用户开放的内容也会有所差异。

其次，可以按照用户的个性化需求分层。根据用户的过往行为数据提取其消费偏好、场景偏好等特征，并将其设置为状态标签，然后针对不同的状态配置不同的内容。例如，给休闲类游戏的用户提供更多的装饰类推送内容，给竞技类游戏的用户提供更多的铭文奖励，这些都需要根据用户的具体需求进行设置。

图 11.5　基于用户需求分层的方法

11.4　基于用户分层精细化运营的案例

下面通过两个实际案例讲述如何利用用户分层实现游戏的精细化运营。

案例 1：对于某音乐类游戏，我们根据用户以往的歌曲播放数据，在 TE 系统上通过一些统计模型或者聚类算法对用户分类，生成用户对歌曲偏好的标签（如图 11.6 所示），并根据标签来推送符合用户口味的同类歌曲，以提高用户的留存率。

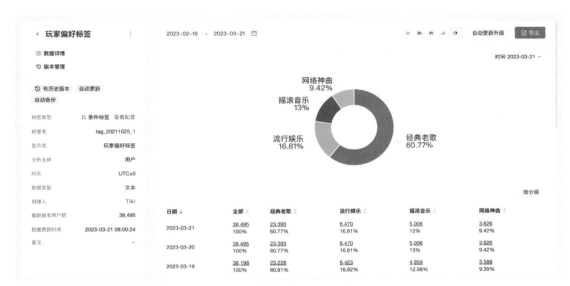

图 11.6　在 TE 系统中生成用户对歌曲偏好的标签

通过打标签，我们能了解当前游戏内所有用户对歌曲风格的偏好及其分布，进一步还可以看到不同偏好的用户明细列表（如图 11.7 所示），通过 TE 系统提供的 API 将这个用户明细列表回调给游戏服务器，就可以根据用户偏好标签推送不同的歌曲了。

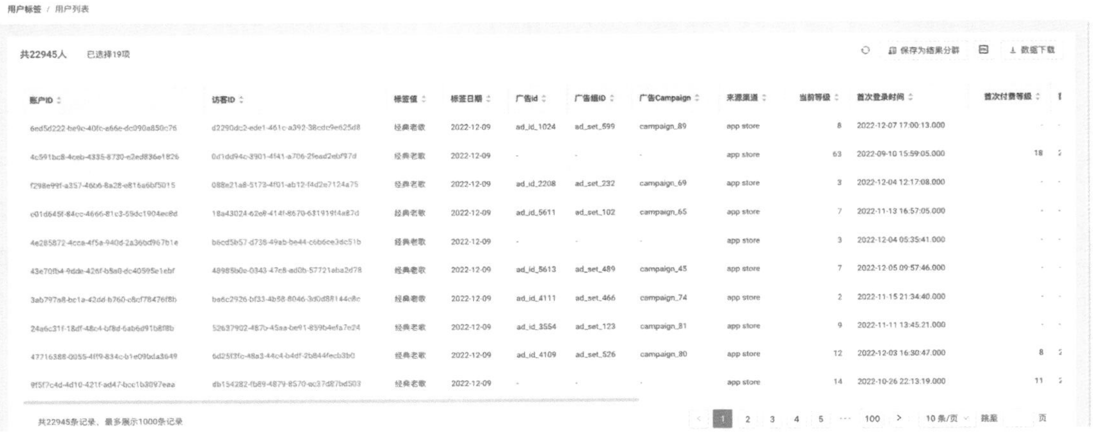

账户ID	访客ID	标签值	标签日期	广告id	广告组ID	广告Campaign	来源渠道	当前等级	首次登录时间	首次付费等级
6ed5d222-be9c-40fc-a66e-dc090a850c76	d2290dc2-ede1-461c-a392-38cdc9e625d8	经典老歌	2022-12-09	ad_id_1024	ad_set_599	campaign_89	app store	8	2022-12-07 17:00:13.000	-
4c591bc8-4ceb-4335-8730-e2ed836e1826	0d1dd94c-3901-4f41-a706-2fead2ebf97d	经典老歌	2022-12-09	-	-	-	app store	63	2022-09-10 15:59:05.000	18
f298e99f-a357-46b6-8a28-e816a6bf5015	088e21a8-5173-4f01-ab12-f4d2e7124a75	经典老歌	2022-12-09	ad_id_2208	ad_set_232	campaign_69	app store	3	2022-12-04 12:17:08.000	-
c01d645f-84cc-4666-81c3-59dc1904ec8d	18a43024-62e8-414f-8670-631919f4a87d	经典老歌	2022-12-09	ad_id_5611	ad_set_102	campaign_65	app store	7	2022-11-13 16:57:05.000	-
4e285872-4cca-4f5a-940d-2a36bd967b1e	b6cd5b57-d738-49ab-be44-c6b6ce3dc51b	经典老歌	2022-12-09	-	-	-	app store	3	2022-12-04 05:35:41.000	-
43e70fb4-9dde-426f-b5a0-dc40595e1ebf	48985b0e-0343-47c8-ad0b-57721aba2d78	经典老歌	2022-12-09	ad_id_5613	ad_set_489	campaign_45	app store	7	2022-12-05 09:57:46.000	-
3ab797a8-bc1a-42dd-b760-c8cf78476f8b	ba6c2926-bf33-4b58-8046-3d0d88144c8c	经典老歌	2022-12-09	ad_id_4111	ad_set_466	campaign_74	app store	2	2022-11-15 21:34:40.000	-
24a6c31f-18df-48c4-bf8d-6ab6d91b8f8b	52637902-487b-45aa-be91-859b4efa7e24	经典老歌	2022-12-09	ad_id_3554	ad_set_123	campaign_81	app store	9	2022-11-11 13:45:21.000	-
47716388-0055-4ff9-834c-b1e09bda3649	6d25f3fc-48a3-44c4-b4df-2b844fecb3b0	经典老歌	2022-12-09	ad_id_4109	ad_set_526	campaign_80	app store	12	2022-12-03 16:30:47.000	8
9f5f7c4d-4d10-421f-ad47-bcc1b3097eaa	db154282-fb89-4879-8570-ec37d87bd503	经典老歌	2022-12-09	-	-	-	app store	14	2022-10-26 22:13:19.000	11

图 11.7　TE 系统生成的不同偏好的用户明细列表

案例 2：一款游戏近期的用户留存率不佳，因此我们先对流失用户分层，再分析和定位用户流失的原因，有针对性地调整运营策略与优化游戏。

首先，我们看用户是在哪些关卡等级流失的。从关卡等级角度对用户分层，可以发现在 1级和 30 级流失的用户明显多于其他等级，如图 11.8 所示。用户在 1 级，也就是进入游戏的初期流失，一般都是因为游戏的美术风格、玩法等与用户的预期不符，或者新手引导的设计冗长、游戏有 bug。而用户在 30 级流失，则跟游戏的玩法和数值设置有很大的关系。通过了解游戏玩法的开放进度，我们发现游戏对达到 30 级的用户开放了精英副本，对用户战力有一定要求，很多用户的战力并未达到此级别关卡的要求，所以流失了。

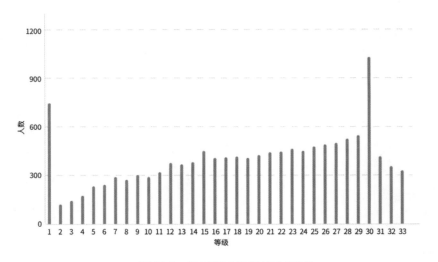

图 11.8　用户流失时所处的关卡等级

第二步，了解流失用户的付费情况。将用户的累计付费金额作为标准，从付费角度对用户分层可以发现，流失用户中绝大部分都是没有付费的零氪用户，少量小 R 用户也出现了流失现象，如图 11.9 所示，可以猜测游戏整体的充值档位以及充值带来的收益曲线对小 R 和零氪用户并不友好。

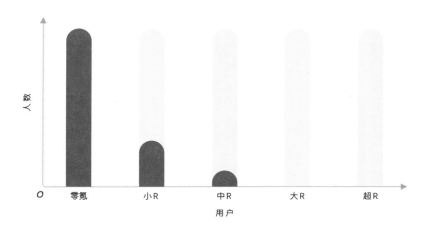

图 11.9　从付费角度对在 30 级流失的用户分层

　　游戏中不同的关卡和副本对用户的战力有隐性的要求,用户战力与副本要求的匹配程度将决定通关的概率以及用户的实际体验,也影响用户的留存。根据战力对在 30 级流失的用户分层(如图 11.10 所示),可发现绝大部分用户的战力都在 15 001 到 20 000 的区间内,而 30级精英副本的通关战力为 25 000,这会导致用户因无法通关而流失。

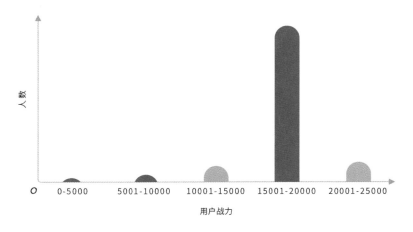

图 11.10　根据战力对在 30 级流失的用户分层

　　接下来需要了解:为什么用户在达到 30 级时,战力却没有达到相应副本的要求;如果用户的资源(金币)没有用于提升战力,那么这些资源被消耗到哪些地方了。根据金币的消耗量对在 30 级流失的用户分层（如图 11.11 所示），可以发现用户的金币大部分用于抽卡以及购买道具了，并没有用于培养角色和升级武器装备。

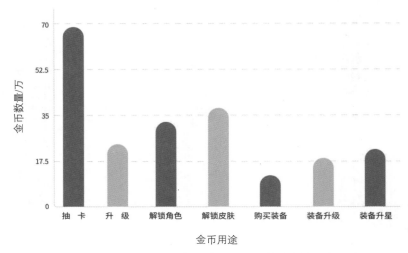

图 11.11　根据金币消耗量对在 30 级流失的用户分层

通过不断拆解流失用户的相关指标，并对其进行相应的分层，可以基本了解当前流失用户的特征和流失的原因，接下来就要着手优化游戏内容来减少后续的用户流失，以及制订有针对性的策略召回用户。例如，增强战力，改善在入口的引导，或者将战力的卡点后移；也可以针对不同分层的用户推送不同的内容（如图 11.12 所示），来提高其通关率，进而提高留存率。

图 11.12　针对不同分层的用户推送不同内容

11.5　总结

本章讨论了基于 4 种维度的用户分层策略，实际上分层之后根据数据分析形成的策略和结论，才是用户分层的重点。通常，在完成用户分层后可以进行以下操作：

- 有重点地制订策略。应先在众多的分层用户中找到最明显的指标提升点，进行重点挖掘，而不是为所有分层都制订运营策略。运营人员的精力是有限的，分析师需要帮助他们找出重点问题并解决。
- 反馈结果，优化分层。最开始的用户分层体系可能不够完善，包括分层条件的设置、层数的设定，以及更新的周期，都需要根据后期运营的结果和反馈来不断优化。
- A/B 测试。处于同一层级的用户通常具有一致的属性变量和特征，做 A/B 测试更能验证运营策略。

第四部分

游戏数据分析的展望

第 12 章

游戏数据分析的未来趋势

前面的章节详细阐述了如何构建一套适用于游戏行业的数据分析体系，从理论到方法，再到实战案例，系统介绍了游戏数据分析的相关知识。在本章，我们将根据自己在游戏行业的多年经验，尝试从更长远的视角，谈一谈未来 5 到 10 年内游戏数据分析的发展方向，对趋势进行预测和判断，供大家参考。

12.1 未来趋势一：游戏数据分析与业务更深入地结合

近几年随着游戏行业的蓬勃发展，游戏的类型与题材越来越丰富多样。很多游戏厂商聚焦于某一细分品类，不断推出该细分品类下的"爆款"游戏，形成一种正向的迭代闭环。例如，专注于女性向游戏的叠纸游戏公司，推出了"暖暖系列""恋与制作人"等一系列爆款游戏，乐元素公司推出"开心消消乐""海滨消消乐"等一系列成功的三消类休闲游戏。这些游戏厂商在特定细分品类中的连续成功绝非偶然，背后有一整套从游戏研发到长线运营的方法论做支撑，而数据分析就是其中非常重要的一部分。

未来，随着游戏品类不断细分，游戏数据分析必然会与业务更深入地结合，分析师需要基于游戏类型对数据进行更精细的分析以挖掘出更多信息。细分品类的游戏会有特有的数据分析模型及分析方法论，而只有将这些模型及方法论与游戏自身的机制、玩法、活动等内容深度融合，数据分析的价值才能得到最大程度的发挥。

为了用数据更清晰地刻画不同类型的游戏，在埋点时应对游戏内用户行为数据做更加精确的记录。例如，卡牌游戏中用户的每次抽卡、每个英雄的任何一个细微变化，MMOG（Massively Multiplayer Online Game，大型多人在线游戏）中每一次道具的获取、每一次副本的战斗情况，都需要记录下来。未来，用户在游戏中任意一个细微的动作都将通过埋点记录下来，以精准刻画其行为特征。

一旦用户行为数据能被完整细致地记录，游戏数据分析就不会仅仅停留在辅助运营决策、验证假设等层面，它将走向游戏业务中核心的领域，成为驱动游戏业务不断增长的数据引擎。

游戏数据分析将深入到研发的每一个阶段，为研发人员提供更为"敏捷"的流程，帮助他们根据数据反馈不断试错和改进，迭代增量式地敏捷交付可验证的游戏功能，实现数据驱动游戏敏捷研发。

游戏上线后，后续每一次的版本迭代也将由数据分析来驱动。类似于美剧在拍下一季时，都会基于观众的评价和期望调整剧情，游戏也将基于数据分析的结论进行版本迭代，随着每一轮迭代，向理想中的产品逼近。

对于进入稳定期之后的游戏，数据分析的维度也将更丰富，不再局限于常规的运营指标分析、活动效果分析等，还会从更多维度对游戏的长线运营进行分析，例如基于用户分层的玩法分析、付费预测分析等，以数据驱动游戏的精细化运营。

12.2 未来趋势二：游戏的数据源进一步增加

第 1 章介绍过一款游戏产品的数据体系（数据源）可以分为以下几个层次：

- 业务常规数据：这是游戏最基础的数据，比如用户名、密码、竞技场排名、账号背包里的信息等。

- 用户行为数据：记录了用户在游戏中的行为轨迹，比如充值、通关、升级、战斗等。
- 产品运营数据：这是对部分用户行为数据二次抽象出来的指标数据，比如新增用户数、活跃度、留存率、付费率等。
- 用户反馈数据：一般产生于游戏产品之外，指的是用户在论坛、贴吧、App Store 等平台对游戏的评价，虽然不是在游戏内产生的，但也属于与游戏相关的数据。

目前在游戏行业中，对于产品运营数据和业务常规数据的采集与分析已经比较成熟，而用户行为数据及用户反馈数据则有待挖掘，这些数据中已被利用的只是冰山一角。随着游戏数据分析与业务越来越紧密地结合，所采集的用户行为数据和用户反馈数据的维度也会越来越丰富，而且这两部分数据在游戏数据中所占的比重将会越来越大，尤其是前者，将成为游戏数据的主要组成部分。

除了游戏内所产生的数据，为了解决游戏的变现问题，以及优化游戏的市场投放策略，游戏外的第三方数据源也会逐步成为对一款游戏进行数据分析时的标配，主要包括以下 3 种类型的数据源：

- 第三方广告归因平台数据：第三方广告归因平台为分渠道用户分析与游戏收入归因分析提供了坚实的数据基础。此类主流平台包括 AppsFlyer、热云等。
- 媒体渠道数据：媒体渠道提供例如广告优化方式、广告版位等维度的数据。头部媒体渠道有巨量引擎、Facebook、Google 等。
- 广告变现平台数据：广告变现平台为以广告变现模式为主的游戏厂商，尤其是以休闲、超休闲类游戏为主的游戏厂商提供全面的变现数据。这些平台包括 Tradplus、IronSource、AppLovin 等。

目前游戏行业的数据采集及分析基本都是围绕传统的端游与手游两大类游戏展开的。随着 CPU、GPU 等硬件技术的革新，虚拟化、视频编解码及流媒体等技术逐步成熟，原来限制云游戏（指以云计算技术为基础的在线游戏）发展的技术障碍消失，云游戏蓬勃发展。因此，针对云游戏的数据采集与分析也会提上日程，有别于现有的 SDK 埋点等数据采集方式，基于云原生技术的云游戏必然会催生出全新的基于云原生的数据采集方式。

另外，以往采集和分析游戏数据时都忽略了 Console Game（主机游戏）这一大类型，原因在于 Console Game 基本上以买断制的单机游戏为主，数据采集及分析的意义和价值不大，而且单机游戏无须联网即可玩，即便采集了数据也没有通道上报。但是随着 Console Game 的发展，目前大量的 Console Game 也需要联网才能玩，跨平台的网络游戏也逐渐在 Console Game 设备中出现，对于 Console Game 的数据采集和分析必然也成为未来的趋势。

近来火爆的 Metaverse（元宇宙）的概念加速了各项游戏穿戴设备的发展，例如 VR（Virtual Reality，虚拟现实）、AR（Augmented Reality，增强现实）设备以及各种与游戏相关的 IoT 设备，用户操控这些设备沉浸在虚拟世界中游玩时，将会产生大量的用户行为数据。这些数据对于增强虚拟世界的真实感、驱动游戏虚拟现实不断迭代，意义重大。因此，未来游戏可穿戴设备的数据也将成为游戏数据的又一大来源，同时这部分数据也会使游戏数据的体量提升一个数量级。

12.3　未来趋势三：游戏数据分析系统的技术革新

一方面，随着游戏数据源的渠道不断拓宽，数据分析的广度和深度不断拓展，流入游戏数据分析系统中的数据呈指数级增长；另一方面，硬件以及大数据技术持续演进，因此，游戏数据分析系统的架构必然会发生巨大变化。

目前游戏厂商采用的典型大数据系统架构之一是 Lambda 架构，它解决了企业对大数据批量离线处理和实时数据处理的需求。在 Lambda 架构中，将数据采集到服务端后，会分配至流式处理层与批处理层，流式处理层负责一些实时指标的计算，而批处理层则负责计算 $T+1$ 的核心业务指标。这种架构历经多年发展，十分稳定，实时计算部分的计算成本可控，而且批量计算可以在夜间进行，错开了实时计算和离线计算的高峰。但由于游戏行业对数据分析的时效性及灵活性要求日益增强，$T+1$ 甚至是 $T+H$ 的批处理数据延时已经无法满足业务对数据处理速度的需求，固化的指标报表也无法满足数据多维交叉分析、下钻分析等需求，这种架构已经跟不上游戏行业的发展。

未来，游戏数据分析系统中的数据采集层到存储层，将会完全转向流式架构，链路上不再存在 ETL 批处理层，而且整条链路上的数据延迟将会在 1 分钟以内。不过，随着游戏数据量剧增，应对每日实时流入的百亿甚至千亿级别数据，将是流式架构必须面对的挑战。

当数据时效性的问题解决后，如何应对随时随地都可能产生的复杂灵活的业务分析需求，就成为游戏数据分析系统要解决的下一个问题。未来随着 CPU、内存、硬盘等硬件的发展，"存算分离"的大数据架构将成为主流，其中的存储部分将逐步往数据湖演进，而计算部分将逐步演化为 MPP（Massive-Parallel Processing，大规模并行处理）架构的 Ad-hoc 查询引擎，为数据湖的海量数据提供即时灵活的数据下钻能力。

最后，云原生也将是游戏数据分析系统技术革新的一个非常重要的趋势。数据湖的定义本身就是和云强相关的，实际上是把数据存储托管到云上，避免复杂的分布式有状态系统的运维等工作。另外，云存储中的冷热数据分层存储、对海量数据存储不限容量与按需付费的特性，也能够在极大程度上帮助游戏厂商降本增效。

而在计算引擎这一侧，云上天然的弹性计算模式非常适合"存算分离"的大数据架构。数据分析需求在不同时段是波动的，对集群计算能力的需求也是变化的，在云上可以完全做到秒级分析性能的弹性伸缩，云服务的集约化和规模化能够带来更高的数据效益。

数据服务"上云"的趋势已经不可逆转，大多数游戏公司（特别是中小型公司）进入"技术冷静期"后，开始审慎考虑综合投资收益。"上云"、放弃自建数据平台、直接采购企业级产品与服务，将是未来的主流。

12.4 未来趋势四：游戏数据分析与 AI 深度融合

近些年 AI 技术备受关注，各行各业都在探索如何将 AI 技术与业务结合，产生实际的价值。在游戏数据分析领域也不例外，很多从业者都在研究如何利用 AI 技术让游戏数据分析更加智能化。

随着游戏行业数据量大幅增长，数据分析的工作量将急剧增加。怎样从海量数据中挖掘出有价值的信息？怎样对成千上万张报表进行下钻分析，找到数据之间关联关系的蛛丝马迹？依赖于人（数据分析师）的分析能力的传统游戏数据分析模式将难以持续，基于 AI 算法，更高效地洞察数据才是未来的方向，例如基于机器学习中的根因分析算法实现智能下钻，基于无监督的聚类算法对游戏用户进行聚类分析等。下面简单列举几类 AI 技术在游戏数据分析中的应用。

1. 预测分析

与预测相关的分析是 AI 技术非常重要的一个应用。"剖析过去，预见未来"，基于用户的历史游戏行为，使用深度学习等算法进行预测分析，也将是未来游戏数据分析与 AI 结合的一个重要方向，例如：

- 预测用户流失率：用已流失用户的行为数据来训练模型，预测当前活跃用户未来的流失概率，以便及时干预。
- 定位潜在付费用户：通过分析付费用户的特点，寻找潜在的付费用户。

2. 推荐算法

提升游戏的变现能力是各大游戏厂商尤为关注的主题。未来，利用推荐技术提供精准、个性化的产品和服务，驱动游戏变现一定是一个非常重要的 AI 应用方向，例如：

- 个性化礼包：结合协同过滤等个性化推荐算法，智能地投放礼包，提升用户的 LTV。
- 提高广告变现的效率：基于用户画像以及智能广告推荐算法，在保持 IAP 付费金额的前提下（可理解为用户在游戏内的付费金额维持在原有水平），增加 IAA 广告收入。

3. 异常检测（Anomaly Detection）

利用异常检测算法识别用户异常行为，也将是 AI 技术在游戏行业应用的一个方向。我们可以根据用户行为数据判断其是否使用了外挂，是否为异常用户；还可以结合用户在游戏内的聊天数据，分析其是否存在违规或违法行为。

4. 自然语言处理（Natural Language Processing）

利用自然语言处理技术，可以监测游戏内外的舆情，对文本类数据进行分析，挖掘隐藏的信息，及时采取相应措施，例如：

- 情感识别：通过情感分析算法分析用户的发言，判断其情感是正面的还是负面的。
- 话题检测：利用主题模型（Topic Model）算法对一段时间内的用户发言内容进行检测，归纳出用户讨论的热点话题，以便了解用户的状态。
- 画像追踪：通过文本聚类算法对用户的发言、背景资料进行分析，提取用户的特征。
- 舆情监测：基于智能算法监控舆情并全面分析，准确掌握游戏的舆情热点，对突发舆情问题实时告警。

12.5　未来趋势五：数据安全与隐私保护能力进一步提升

数据正在成为数字经济时代最有价值的生产资料，各大游戏厂商都在努力让数据发挥更大价值。而将数据作为生产资料，必然会涉及数据交换与共享，绕不开数据安全和隐私保护问题。因此，数据安全与隐私保护也会成为未来游戏数据领域研究和讨论的热点。

一方面，对数据共享和开放的需求十分迫切。近年来数据分析和 AI 技术取得重大进展，原因之一就在于有海量、高质量数据资源可供使用。另一方面，数据的无序流通与共享，可能导致数据安全和隐私保护方面的重大风险，必须加以规范和限制。例如，鉴于互联网公司频发的、由于对个人数据的不当使用而导致的隐私安全问题，欧盟制定了"史上最严格的"数据安全管理法规《通用数据保护条例》（GDPR，*General Data Protection Regulation*），并于 2018 年 5 月 25 日正式生效。2020 年 1 月 1 日，被称为美国"最严厉、最全面的个人隐私保护法案"的《加利福利亚消费者隐私法案》（CCPA，*California Consumer Privacy Act*）也正式生效。在国内，《中华人民共和国个人信息保护法》也于 2021 年 11 月 1 日生效。

未来一定会诞生更多的提升数据安全和隐私保护能力的产品及技术。企业级大数据平台的安全管理可以分为以下 3 个层级：

- 底层是平台的物理安全与网络安全。这一层级的安全很可能会跟随数据服务"上云"的趋势逐步由云服务商来保障，可以采取的措施有：跨地域机房的冗余备份、数据机房的安全管控、配备网络高防服务器、设置应用防火墙等。
- 中间的层级是大数据平台的系统安全，由大数据平台内部的各个安全子系统共同保障，例如数据访问控制系统、应用程序隔离系统、风控审计系统等。
- 最上层是数据应用安全，这一层靠近用户的数据应用场景。未来在这一层级会产生更丰富的数据安全产品，为应用用户数据的各类业务提供切实可靠的安全保障。例如，在数据系统层面使用数据应用权限管控系统，增强对敏感数据的加密能力，增加数字水印，提供数据风险治理产品等。

在数据隐私保护方面，各种数据采集类的 SDK 未来将会面临更为严格的隐私合规政策的限制，因此在保证用户隐私合规的前提下，提供精准的用户匿名识别能力以及全面的数据收集能力，将会是一大挑战；而在不泄露用户隐私的前提下，提高游戏数据的利用率，挖掘游戏数据的价值，将会是游戏数据分析领域的关键问题。